电机控制算法实战

李 贵 童维勇 编著

电子工业出版社
Publishing House of Electronics Industry
北京·BEIJING

内 容 简 介

随着新能源（电动）汽车、机器人、无人机等行业的兴起，电机控制技术得到了越来越广泛的应用。本书是编著者长期从事电机控制技术相关产品开发工作的实战算法和经验总结，涵盖了电机控制的几个重要方面，主要包括电流控制器设计、电机控制策略与标定、数字滤波、估计观测、参数辨识等专题，以及大量的实际应用分析。本书将理论和实践结合在一起，一方面，先简单阐明基本原理，然后结合实际应用介绍理论实现的过程和方法，如电流控制策略、数字滤波等相关设计部分；另一方面，选取一些实际生产中经常遇到的问题，分析其中蕴含的理论知识，进一步加深理解，如发电分析、短路制动等。

本书详细介绍了反电势谐波补偿、电动汽车电机标定、机械谐振抑制、旋变软件解算、IGBT 的 PN 结结温估算、PMSM 初始角辨识等实战案例，并且提供了相关源代码或仿真模型，具有很高的参考价值和实践指导意义。

本书可作为高等院校自动化、电气控制类相关专业师生的参考书，也可供电机控制、电力电子技术和机电一体化工程技术人员阅读。

图书在版编目（CIP）数据

电机控制算法实战 / 李贵，童维勇编著. -- 北京：电子工业出版社，2024. 8. -- ISBN 978-7-121-48263-2

Ⅰ. TM301.2

中国国家版本馆 CIP 数据核字第 2024JG1425 号

责任编辑：张　楠　　　　　特约编辑：田学清
印　　刷：北京捷迅佳彩印刷有限公司
装　　订：北京捷迅佳彩印刷有限公司
出版发行：电子工业出版社
　　　　　北京市海淀区万寿路 173 信箱　　　　邮编：100036
开　　本：787×1092　　1/16　　印张：11　　　字数：254 千字
版　　次：2024 年 8 月第 1 版
印　　次：2024 年 12 月第 7 次印刷
定　　价：59.00 元

凡所购买电子工业出版社图书有缺损问题，请向购买书店调换。若书店售缺，请与本社发行部联系，联系及邮购电话：（010）88254888，88258888。

质量投诉请发邮件至 zlts@phei.com.cn，盗版侵权举报请发邮件至 dbqq@phei.com.cn。

本书咨询联系方式：（010）88254579。

◇ 前　言 ◇

电机控制是一种既传统又新颖的技术。20 世纪 70 年代，从德国学者提出矢量控制算法以来，虽说不断有新的算法推出，如直接转矩控制、模型预测控制等，但是最主流的始终是矢量控制技术。另外，因为市场上不断有新的应用出现，从传统的变频器到电动汽车驱动器，再到无人机、机器人伺服控制等，都对电机控制器的性能、成本、可靠性提出了新的需求。所以，可以说电机控制是先进制造的基础技术，在国家从制造大国到制造强国的进程中，它仍然是值得人们不断进入和深耕钻研的领域。

在大多时候，理论与实践之间横亘着一条鸿沟。很多一线工程人员使用成熟的代码，基于经验参数调试控制回路，完成项目应用。他们大多依赖时域实际的调试结果来确定参数，对其背后的原理与指标缺少深入的了解。而前沿研究人员则更倾向于展示先进成果，将重点放在数学上的稳定性证明方面等，对于如何低成本、可靠地实现，他们往往并不关心。本书试图建立起理论与实践之间的桥梁，并示范如何在实践中规范地使用理论知识，希望能够帮助电机控制相关专业学生和后来者更快地进入这个领域。

本书内容

第 1 章介绍电机矢量控制最为核心的电流环。首先，详细介绍了电机电流的采样、计算及标幺化；然后，讨论了电流 PI 控制器的原理、实现和进阶，PI 控制器参数的生成，以及参数大小在控制和抗扰动两方面所起的作用；最后，作为对常规电流环的改进，介绍了一个反电势谐波补偿的实战案例，此补偿方案对提升电动汽车驱动系统 NVH 性能有较为明显的作用。

第 2 章介绍电机电流的上层控制策略与实用标定方法。这里的电流控制策略特指根据转矩指令生成电流给定值的方法。永磁同步电机比较常用的有 MTPA、MTPV 控制策略，在电流平面上，满足对应条件的工作点构成 MTPA 和 MTPV 曲线。由于受到实际条件的限制，MTPA 和 MTPV 曲线上的工作点并不总是有效的。在这种情形下，仍然可以追求次优工作点，相关讨论引出了最小铜耗控制和最小铁耗控制。目前，电机控制效率问题在各种场合都广受关注，为达到效率最优，需要综合运用上述电流控制策略。但此方案直接实现比较困难，相对行之有效的方式是首先对电机进行标定，然后使用查表法实现。

第 3 章介绍常用数字滤波器的原理及实现细节。滤波器在噪声抑制、信号提取及系统校正等方面有着不可或缺的作用。数字滤波器与模拟滤波器相比又有着其独有的特点，如周期性的频响特性、混叠效应及稳态响应的静差问题等。低通滤波器在电机控制中的应用最为广泛，本章着重介绍了其在频域的特点，并在具体的代码编写过程中给出了频域指标的工程计算方法。本章末介绍了几个比较典型的实战案例，读者可以看到滤波器在实践中是怎样使用的。

第 4 章介绍电机控制系统中典型的状态观测器。20 世纪 60 年代，为解决状态不能直接测量的问题，有学者提出了状态观测器的概念和构造方法。此后，状态观测器技术蓬勃发展，各种理论不断涌现，并且在实际应用场合取得成功。本章以电机控制领域常用的龙伯格观测器和锁相环为例，简要地讨论了状态观测器的基本原理与结构。除此之外，本章还详细地介绍了几个和状态观测器相关的实战案例。其中，机械谐振抑制是工业控制和电动汽车等领域常见的问题；旋变软件解算技术可以替代旋变解算芯片，降低系统成本，具有重要的经济价值；IGBT 的 PN 结结温估算技术可最大限度地发挥 IGBT 模块的性能，提高其可靠性。

　　第 5 章介绍电机关键参数的辨识算法及实现细节。参数辨识算法属于电机控制中比较独立的算法分支，也是近年来国内外学者一直研究的领域。本章介绍了永磁同步电机的电阻、电感、反电势、初始角的辨识。本章介绍的算法在电机未工作状态下运行，属于离线辨识算法。

　　第 6 章对实际中常见的一些应用和做法进行理论上的分析与探讨。这些应用和做法对于工程人员可能是司空见惯的，但是他们对于其背后的原理可能没有那么清楚。例如，电机低频或堵转运行时为什么要降载频运行？电机发电运行时的输出电压远低于母线电压，为什么反而能将能量回馈到母线上？同步电机缺相后能否继续运行？

　　本书免费提供的资源请到华信教育资源网 https://www.hxedu.com.cn/下载。

致谢

　　本书的编写经历了漫长而艰苦的过程，得到了很多人的支持。首先感谢我们的家人，是你们的无私支持才让本书得以问世；其次感谢一起合作的伙伴，你们给了我们很多灵感。

编著者

2024 年于中国深圳

◇ 目　　录 ◇

第 1 章

电流检测与电流控制

　　矢量控制是一种用于控制电机的高级控制技术，它能够通过调整电机的电流来改变电机的转速和转矩，从而实现对电机的精确控制。矢量控制具有良好的动态响应特性和较高的效率，已经广泛应用于工业自动化和家用电器等领域。

　　矢量控制通过坐标变换实现解耦，使电机的励磁电流和转矩电流能够分开控制，从而实现与直流电机相近的控制效果。可以看到，矢量控制的实施最终要落实到电流控制上。电流检测作为电流控制的基础，就显得尤为重要。电流检测一般通过电流传感器来实现，常用的电流传感器有霍尔电流传感器、分流器、电流采样电阻等。不同的电流传感器在性能、价格、安装方式等方面存在较大差异，在实践中需要根据具体的需求进行选择。

　　大多低成本的小功率电机控制系统都会使用电流采样电阻来检测电流，电流采样电阻的精度和功率比普通电阻的精度和功率高，一般串联在驱动电路近地端。根据所使用的电流采样电阻的数量，可以将电流电阻采样方案分为三电阻采样、双电阻采样、单电阻采样。电流采样电阻的数量越多，电路越复杂，硬件成本越高；反之，电流采样电阻的数量越少，软件越复杂，或者在某些指标上性能有所下降。

　　实际的电机控制系统总在 PWM 周期内进行电流采样，这就涉及确定采样时刻（采样点）的问题，必须保证采样时刻的电流信息是正确的。正确采样后，软件还需要对电流采样值做进一步处理，主要涉及数值计算及标幺化。标幺化能够显著提升软件的通用性。不同功率的电机，其工作电流的变化范围非常大，通常从零点几安到数千安不等。对定点芯片而言，若要兼顾如此大的变化范围与表示精度，标幺化可能是最好的处理方法。

　　目前，电流控制使用最为普遍的仍然是传统的 PI 控制器。PI 控制器结构简单，参数调试方便，即便在增益变化较大时，也能保持稳定。对于要求不高的应用场合，基础的 PI 控制器即可胜任。当需要优化性能时，可以建立较为精确的电流环模型，有针对性地确定增益。在此基础上，还可以增加解耦、抗卷饱、扰动观测、谐波注入等更加复杂的功能。

1.1　电流采样

1.1.1　电流采样点的选择

　　电机控制器的电流采样方式一般由硬件电路方案决定。如果采用了霍尔电流传感器，那么从理论上来讲，软件可以选择在一个 PWM 周期的任意时刻对电机电流进行采样。但若使用电流采样电阻采样则不然，因为在某些开关状态下，电机相电流并没有通过对应的电流采样电阻，所以不能进行采样。

电流电阻采样方案一般将电流采样电阻串接在驱动电路的下桥与地之间，此时，采样电路参考地与电源地共地，电路实现起来比串接在上桥更为简单方便。对于下桥的电流采样电阻，对应相电流是否流过它取决于此时的电流方向和桥臂的开关状态。当上桥开通且电流方向为正时，电流将由直流母线经过上桥开关管流入电机绕组，但不会经过电流采样电阻，即此时无法对此相电流进行采样。

那么，有没有这样一种开关状态：无论对应电机电流方向如何，电流都流经电流采样电阻呢？答案是肯定的，在三相下桥导通时，电机三相绕组经过下桥开关管和电流采样电阻短接在一起，此时，无论电机电流方向如何，电流都流经对应的电流采样电阻，如图 1-1 所示。其中，VT1～VT6 为 MOS 管，C_d 为母线电容，U_d 为母线电压，U、V、W 表示三相桥臂，分别连接电机 U、V、W 的三相绕组。

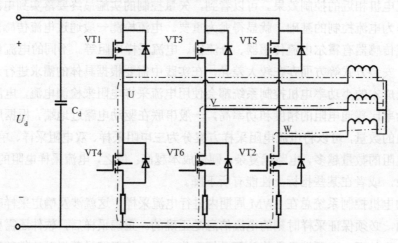

图 1-1 三相下桥电流采样电阻

三相下桥导通时可以方便地对三相电流进行采样。在 SVPWM 调制模式下，三相下桥导通意味着输出电压矢量为 0 或 7，对应一个 PWM 周期的起始时刻或中间时刻。

随着开关状态的切换，电流采样电阻两端的信号建立需要一定的时间，即采样要求三相下桥导通状态能够维持一段时间。这就意味着对应上桥导通占空比不但不能达到 100%，而且必须留有裕量。因此，控制器最大输出电压将受到限制，电机运行可能需要牺牲一部分转速。

下面列举一个因输出占空比过大而导致采样异常的例子。如图 1-2 所示，横轴为数据对应序号，纵轴为数据值，3 条曲线从上到下分别为 U 相 PWM 比较值、V 相 PWM 比较值、三相电流采样值之和。在此例中，当 PWM 输出占空比为 100% 时，对应的比较值为 2625。

可以看到，第 25 个数据点处 U 相上桥全开（U 相 PWM 比较值达到 2625），与之对应的三相电流采样值之和远远偏离预期值 0，达到 -8731。在第 25 个数据点及其附近，由于 U 相上桥导通时间过长，导致这一段时间内的采样数据偏差都比较大，进而使三相电流采样值之和明显偏离预期。

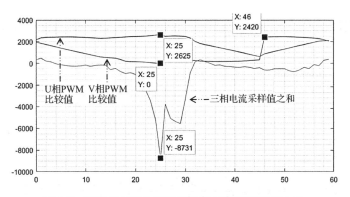

图 1-2　U/V 相 PWM 比较值和三相电流采样值之和

考查此时三相输出电压比较值，如图 1-3 所示。除 U 相的输出电压比较值达到最大值 2625 以外，V 相和 W 相的输出电压比较值并不大。也就是说，除 U 相下桥导通时间很短而不能正确采样电流外，V 相和 W 相都能正常采样电流。因此，在三采样电阻采样方式下，可以抛弃比较值最大相对应的采样值，转而使用剩余两相的采样值将其替代。

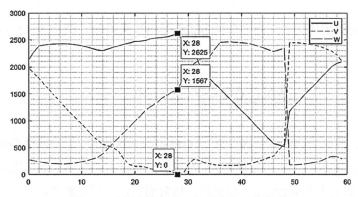

图 1-3　采样异常时的三相输出电压比较值

1.1.2　电流计算与标幺化

在编写软件时，电流以流入电机绕组为正、流出电机绕组为负。若令控制芯片 MCU 的 AD 采样模块参考电压为 v_{ref}，则在大多数情况下，当电流为 0 时，电流采样 AD 口的电压（中点电压）为 $v_{\text{ref}} / 2$。当有电流通过时，AD 口的电压为

$$v_{\text{x}} = \frac{1}{2} v_{\text{ref}} + k i_{\text{x}} R_{\text{shunt}} \tag{1-1}$$

式中，k 为电流采样调理电路的放大倍数；R_{shunt} 为电流采样电阻的阻值；i_{x} 为流过电流采样电阻的电流（下标 x 表示对应电流和电压是未知的）。由于 AD 口的电压最大值为参考电压，因此采样电流的最大值 i_{max} 满足

$$v_{\text{ref}} = \frac{1}{2} v_{\text{ref}} + k i_{\text{max}} R_{\text{shunt}} \Rightarrow i_{\text{max}} = \frac{v_{\text{ref}}}{2 k R_{\text{shunt}}} \tag{1-2}$$

假设电流采样所用的 AD 采样模块是 12 位的，那么电流 i_x 通过时对应的 AD 采样值 AD_i_x 为

$$AD\_i_x = \frac{v_x}{v_{ref}} \times 2^{12} = (\frac{1}{2} + \frac{ki_x R_{shunt}}{v_{ref}}) \times 2^{12} \tag{1-3}$$

将式（1-2）代入式（1-3）可得

$$AD\_i_x = \frac{v_x}{v_{ref}} \times 2^{12} = (\frac{1}{2} + \frac{ki_x R_{shunt}}{2kR_{shunt} i_{max}}) \times 2^{12} = (\frac{1}{2} + \frac{1}{2}\frac{i_x}{i_{max}}) \times 2^{12} \tag{1-4}$$

去掉其中的直流偏置，得到电流 i_x 真正对应的 AD 采样值 $AD\_i_x\_1$：

$$AD\_i_x\_1 = (\frac{1}{2} + \frac{1}{2}\frac{i_x}{i_{max}} - \frac{1}{2}) \times 2^{12} = \frac{i_x}{i_{max}} \times 2^{11} \tag{1-5}$$

许多芯片会采用所谓"左对齐"的方式存储 AD 采样值，即将式（1-5）的结果左移 4 位，于是有

$$AD\_i_x\_Q15 = \frac{i_x}{i_{max}} \times 2^{11} << 4 = \frac{i_x}{i_{max}} \times 2^{15} \tag{1-6}$$

可以看到，此时的 AD 采样值 $AD\_i_x\_Q15$ 是以最大电流 i_{max} 为基值的标幺化数据，并且是以 Q15 格式表示的。如果选择 i_{max} 作为基值建立标幺值系统，那么电流采样值经过去除零点漂移、增益校正等处理后即可使用。相对而言，这样处理的运算量最小，在一些控制器与电机"绑定"使用的场合应用特别广泛。对于类似变频器的应用，控制器所匹配的电机不是固定的，控制器容量和电机功率也可能存在一定的差距。这时一般会使用电机额定电流作为基值进行标幺化，如此一来，可以清晰地知道当前电流相对于电机额定电流的大小，对电流进行控制或限制都非常方便。在这种情形下，还需要对电流采样值做一些运算，如变换其基值及 Q 格式。

1.2 电流 PI 控制器设计

1.2.1 基础设计

1.2.1.1 参数计算与离散化

假设耦合项和反电势项已经被精确地补偿，那么电机在 dq 坐标系中的电气模型可以简化为一个一阶惯性环节，其传递函数为

$$G(s)=\frac{1}{L_s s+R_s}=\frac{1/L_s}{s+R_s/L_s} \tag{1-7}$$

式中，变量 s 为拉普拉斯算子；R_s 为电机相电阻；L_s 为电机相电感（下标 s 表示相关参数与电机定子相关）。简化为一阶惯性环节后，同步电机的 d 轴和 q 轴模型的传递函数具有相同的形式。本节后续的讨论对 d 轴和 q 轴都适用，故对此不加区分。

并联式 PI 控制器的传递函数为

$$C(s)=k_p+\frac{k_i}{s}=\frac{k_p\left(s+k_i/k_p\right)}{s} \tag{1-8}$$

式中，k_p 为比例增益；k_i 为积分增益。在设计 PI 控制器时，可以用控制器的零点对消电机模型的极点，即令

$$k_i/k_p=\frac{R_s}{L_s}\Rightarrow k_i=\frac{R_s}{L_s}k_p \tag{1-9}$$

可以看到，若想确定积分增益，则必须先确定比例增益。零点与极点对消后，闭环控制系统的传递函数为

$$M(s)=\frac{G(s)C(s)}{1+G(s)C(s)}=\frac{\dfrac{k_p}{L_s s}}{1+\dfrac{k_p}{L_s s}}=\frac{1}{L_s/k_p s+1} \tag{1-10}$$

式（1-10）为一阶惯性系统，在电感参数固定的情况下，系统性能取决于比例增益 k_p。一阶惯性系统的上升时间（惯性系统阶跃响应上升到 95%终值所用的时间）t_r 满足

$$t_r=3\times\frac{L_s}{k_p}\Rightarrow k_p=\frac{3L_s}{t_r} \tag{1-11}$$

可见，由上升时间 t_r 可以确定比例增益 k_p。将式（1-11）代入式（1-9），可确定积分增益。PI 控制器的增益需要满足

$$\begin{cases} k_i=\dfrac{3R_s}{t_r} \\ k_p=\dfrac{3L_s}{t_r} \end{cases} \tag{1-12}$$

可以看到，PI 控制器的增益取决于电机参数和一阶惯性系统的上升时间。很明显，在实际应用中，上升时间 t_r 的设定不是任意的，根据经验，在比较激进的设计方案中，可使上升时间等于 4～5 个采样周期 T_s，从而令 PI 控制器的增益满足

$$\begin{cases} k_{\mathrm{i}} = \dfrac{3R_{\mathrm{s}}}{t_{\mathrm{r}}} \\ k_{\mathrm{p}} = \dfrac{3L_{\mathrm{s}}}{t_{\mathrm{r}}} \end{cases} \xrightarrow{t_{\mathrm{r}} = 5T_{\mathrm{s}}} \begin{cases} k_{\mathrm{i}} = \dfrac{3R_{\mathrm{s}}}{5T_{\mathrm{s}}} \\ k_{\mathrm{p}} = \dfrac{3L_{\mathrm{s}}}{5T_{\mathrm{s}}} \end{cases} \tag{1-13}$$

此时，可求得系统带宽约为采样频率的 1/10，即

$$t_{\mathrm{r}} = 3 \times \frac{1}{2\pi f_{\mathrm{c}}} = 5T_{\mathrm{s}} \Rightarrow f_{\mathrm{c}} = \frac{3}{10\pi} \frac{1}{T_{\mathrm{s}}} \approx 0.0955 f_{\mathrm{s}} \tag{1-14}$$

式中，f_{c} 为系统截止频率；f_{s} 为系统采样频率。将 PI 控制器离散化，可得其离散传递函数：

$$C(z) = \frac{Y(z)}{X(z)} = k_{\mathrm{p}} + \frac{T_{\mathrm{s}} k_{\mathrm{i}}}{1 - z^{-1}} \tag{1-15}$$

式中，z 定义为 $z = e^{sT}$，即延迟运算；$Y(z)$ 和 $X(z)$ 分别为系统输出和输入。整理可得差分方程：

$$y_k = k_{\mathrm{p}} x_k + \left(y_{k-1} - k_{\mathrm{p}} x_{k-1} \right) + T_{\mathrm{s}} k_{\mathrm{i}} x_k \tag{1-16}$$

式中，x_k 为第 k 个采样周期（当前采样周期）的输入值；y_k 为第 k 个采样周期的输出值，y_{k-1} 为第 $k-1$ 个（上一个）采样周期的输出值。在式（1-16）中，括号内的部分为上一个采样周期的积分累积量。$T_{\mathrm{s}} k_{\mathrm{i}}$ 可以视为积分增益 k_{i} 与采样周期 T_{s} 一起构成一个新的离散积分增益 k_{i}'，即

$$k_{\mathrm{i}}' = T_{\mathrm{s}} k_{\mathrm{i}} = \frac{3R_{\mathrm{s}}}{t_{\mathrm{r}}} T_{\mathrm{s}} = \frac{3R_{\mathrm{s}}}{5T_{\mathrm{s}}} T_{\mathrm{s}} = \frac{3R_{\mathrm{s}}}{5} \tag{1-17}$$

可见，新的离散积分增益是一个与采样周期无关的系数，即采样周期发生变化时，它不会随之改变。

值得注意的是，开环系统和闭环系统都是一阶滞后环节，但是开环系统的时间常数取决于电机参数，是固定的；而闭环系统的时间常数由 PI 控制器参数决定，是可以调节的。除此之外，开环系统的增益不为 1，其输出不能精确控制，因此没有实际意义；而闭环系统则可以保证输出跟踪输入。

实际系统存在延迟，只有当延迟相对于系统响应可以忽略不计时，以上讨论才能近似成立。也就是说，在配置 PI 控制器参数时，将时间常数配置得特别小是没有意义的，此时模型不再准确。

1.2.1.2 电流环 PI 标幺化

电流环 PI 控制器的输入为电流偏差、输出为控制电压，由此可知其传递函数为

$$\frac{U}{\Delta I} = k_{\text{p}} + \frac{k_{\text{i}}}{s} \tag{1-18}$$

式中，ΔI 为电流偏差；U 为电流环输出电压。选择电压基值 U_{b} 和电流基值 I_{b}（下标 b 为单词 base 的首字母），将式（1-18）中的电压和电流转化为标幺值，即

$$\frac{U/U_{\text{b}} \cdot U_{\text{b}}}{\Delta I/I_{\text{b}} \cdot I_{\text{b}}} = \frac{U/U_{\text{b}}}{\Delta I/I_{\text{b}}} \cdot \frac{U_{\text{b}}}{I_{\text{b}}} = \frac{U^*}{\Delta I^*} \cdot \frac{U_{\text{b}}}{I_{\text{b}}} = k_{\text{p}} + \frac{k_{\text{i}}}{s} \tag{1-19}$$

式中，*表示变量为标幺化的量。进一步有

$$\frac{U^*}{\Delta I^*} = \frac{I_{\text{b}}}{U_{\text{b}}}\left(k_{\text{p}} + \frac{k_{\text{i}}}{s}\right) = \frac{I_{\text{b}}}{U_{\text{b}}}k_{\text{p}} + \frac{I_{\text{b}}}{U_{\text{b}}}k_{\text{i}}\frac{1}{s} \tag{1-20}$$

通过对比可知，经过标幺化的 PI 控制器的增益变为

$$\begin{cases} k_{\text{p}}^* = \dfrac{I_{\text{b}}}{U_{\text{b}}}k_{\text{p}} \\[3mm] k_{\text{i}}^* = \dfrac{I_{\text{b}}}{U_{\text{b}}}k_{\text{i}} \end{cases} \tag{1-21}$$

可见，标幺化之后，在 PI 控制器的增益公式中出现了基值。有些计算 PI 控制器参数的代码中出现电机额定电压和额定电流，就是因为选用了这两个参数作为标幺基值。将式（1-13）代入式（1-21）可得

$$\begin{cases} k_{\text{p}}^* = \dfrac{I_{\text{b}}}{U_{\text{b}}}k_{\text{p}} = \dfrac{I_{\text{b}}}{U_{\text{b}}}\dfrac{3L_{\text{s}}}{5T_{\text{s}}} \\[3mm] k_{\text{i}}^* = \dfrac{I_{\text{b}}}{U_{\text{b}}}k_{\text{i}} = \dfrac{I_{\text{b}}}{U_{\text{b}}}\dfrac{3R_{\text{s}}}{5T_{\text{s}}} = \dfrac{3R_{\text{s}}^*}{5T_{\text{s}}} \end{cases} \tag{1-22}$$

式（1-22）中的 PI 控制器参数仍然与电机的电阻、电感参数有关。在标幺化处理后，电阻取其标幺值。式（1-16）所示的差分方程在经过标幺化处理后化为

$$u_k^* = k_{\text{p}}^* \Delta i_k^* + \left(u_{k-1}^* - k_{\text{p}}^* \Delta i_{k-1}^*\right) + T_{\text{s}} k_{\text{i}}^* \Delta i_k^* \tag{1-23}$$

式中，变量含义与式（1-16）相同，上标*表示对应变量是经过标幺化处理的。可以看到，标幺化仅改变了物理量和参数的格式，对计算公式的形式是没有影响的。

1.2.1.3 抗卷饱处理

由于电机控制系统的输出电压是有限的，因此电流环 PI 控制器的输出将受到限制。限幅环节的存在导致饱和后 PI 控制器的输出与控制对象实际输入不相等，由此引起系统闭环响应变差的现象称为卷饱现象。积分饱和就是比较典型的卷饱现象。当 PI 控制器的输出达到极限而仍不能消除偏差时，在积分的作用下，PI 控制器的运算结果还将继续增大，但实际输出已无变化。

一般来说，PI 控制器适当的饱和可以加快系统的响应速度，随着偏差减小，PI 控制器可以自动退出饱和；但如果偏差消除时积分量过大，那么系统可能会出现较大的超调或振荡。积分量过大可以这么理解：系统稳定时偏差为零，对应的比例输出也为零，此时积分量不再增加，但仍保有一定的值维持 PI 控制器的输出。当偏差接近消除时，如果积分量明显大于最终稳定时的值，那么这个积分量就是偏大的。

抗积分饱和的任务是避免积分量过大，导致 PI 控制器的输出明显大于限幅值而损害系统的动态响应。为此，可以在 PI 控制器饱和后只累积反向偏差，这就是积分钳位式 PI 控制器。有文献指出，这种方法在众多基于条件积分的抗饱和 PI 控制器中的性能是最优的。比较而言，积分分离和变速积分在偏差较大时输出相对较小，导致响应速度偏慢。同时，在动态过程中，控制器结构和参数的改变都会导致系统的响应曲线畸变。

图 1-4 所示为积分钳位式 PI 控制器的结构框图，其中，pi_out 为 PI 控制器的原始输出；y_out 为其实际输出；saturation 为饱和模块，其作用是对 pi_out 进行限幅；switch 模块可以切换 PI 控制器的积分输入，选择直接对偏差进行积分或仅对反向偏差进行积分。具体地，当 pi_out ≠ y_out 且 pi_out × e > 0 时，switch 模块切换 In2 进入积分器，积分量暂停累加。在其他情况下，switch 模块的输入通道 In1 进入积分器，输入偏差得以累加。这样，当 PI 控制器饱和之后，积分量就不会继续增加，一旦偏差 e 的符号改变，PI 控制器就能很快退出饱和。注意：积分运算本身也是有限幅处理的，一般积分限幅值与 PI 控制器整体输出限幅值保持一致，否则在稳态时无法维持最大输出。

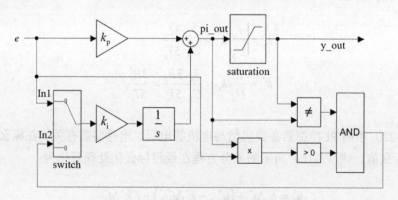

图 1-4　积分钳位式 PI 控制器的结构框图

除积分钳位式 PI 控制器外，还有一种反计算式 PI 控制器被广泛应用。输出饱和之后，反计算式 PI 控制器的积分量是根据控制器实际输出反推得来的，数值上等于控制器实际输出减去比例输出。这样处理的最终结果与积分钳位式 PI 控制器的处理结果基本一致，都是积分量被限制，并且使原始输出接近或等于控制器实际输出。需要注意的是，当偏差很大时，比例作用本身就可能会使 PI 控制器输出饱和，此时应该将积分量限制为 0，而不是机械地用控制器实际输出减去比例输出。

1.2.1.4　采样频率选择

控制理论和采样理论给出了采样频率的下限。对控制而言，系统最大带宽与采样频率正相关，由采样造成的滞后相对于系统总的滞后应该是可以忽略的。具体地，采样频率一般要取到带宽指标的 10～20 倍以上。

对信号采样而言，香农定理要求采样频率必须高于信号最高频率的 2 倍。实际中一般要求采样值连续，即要求相邻的采样值之间变化不大但又有一定的差别，这需要采样频率为信号频率的 10 倍或更高。

事实上，在电机控制中，采样频率是一个很重要但不太受关注的参数，这是因为在实际应用中，理论上的最低采样频率非常容易达到。以电机电流采样为例，实践中一般选择在 PWM 周期中进行采样，由于 PWM 频率高达数千赫兹到数十千赫兹，而电机电流频率大多只有几百赫兹，因此采样频率几乎总是足够的。某些超高速电机（如高速风筒电机）的电流频率能达到 2kHz 左右，这时就需要将采样频率提高到 20kHz 以上。

1.2.1.5　编码实现

经过标幺化处理后，PI 控制器的增益如式（1-22）所示。

在式（1-22）中，变量的单位均为国际单位。在使用定点芯片编程时，为保证精度，许多物理量需要用较小的单位表示。这样，在计算时就必须考虑其与国际单位之间的转换。假设代码中电阻的单位为 $m\Omega$，电流的单位为 0.01A，电压的单位为 V，同时积分增益用 Q16 格式数据表示，那么综合起来有

$$T_s k_i^* \times 2^{16} = \frac{I_b}{U_b} \frac{3R_s}{5} \times 2^{16} = \frac{I_{b\_prg}/100}{U_{b\_prg}} \frac{3R_{s\_prg}/1000}{5} \times 2^{16} \approx \frac{I_{b\_prg} R_{s\_prg}}{U_{b\_prg}} \frac{1611}{2^{12}} \qquad (1\text{-}24)$$

式中，下标 prg（program 的简写）表示相关变量是在代码中使用的，常数项 $1611/2^{12}$ 用来实现 $3\times2^{16}/5/1000/100$ 的快速近似计算。带 prg 下标的变量与对应不带 prg 下标的变量表示同一物理量，但其所用单位与数值大小可能不同。以电压标幺基值为例，代码中电压的单位为 V，于是，变量 U_{b_prg} 和 U_b 都表示电压标幺基值，并且其单位与数值大小也相同。电阻在代码中的单位为 $m\Omega$，于是，变量 R_{s_prg} 与 R_s 虽都表示电机定子电阻，但两者所用单位不同，且数值上 $R_s = R_{s\_prg}/1000$。如果没有特殊说明，本书余下章节均照此约定，并不再对带 prg 下标的变量做单独说明。式（1-24）对应的代码如下：

```
temp = (int64) SysParas.Ibase* MotorParas.RsPm >> 12;
temp = (int64) temp* 1611 / SysParas.Ubase;
temp = __IQsat(temp, 60000, 100);    //限幅
ACR.Id_KiTs = temp;
```

可以看到，代码将公式用 C 语言重新写了一遍，并增加了一些工程上的考虑，如限幅、预防计算溢出及可读性等方面的处理。上述代码片段计算了 PI 控制器离散化后的积分增益。由变量名可以看出，代码与 d 轴电流控制相关。

假设代码中电感的单位为 μH，并且比例增益用 Q12 格式数据表示，那么代码中的比例增益满足

$$k_p^* \times 2^{12} = \frac{I_b}{U_b} \frac{3L_s}{5T_s} \times 2^{12} = \frac{I_{b\_prg}/100}{U_{b\_prg}} \frac{3L_{s\_prg}/10^6}{5(1/f_{s\_prg})} \times 2^{12} \approx \frac{I_{b\_prg}L_{s\_prg}}{U_{b\_prg}} \frac{f_{s\_prg}}{2^{16}} \frac{6597}{2^{12}} \quad (1\text{-}25)$$

式中，$T_s = 1/f_{s\_prg}$，其中 f_{s_prg} 为电流采样频率。为预防计算溢出，将计算过程拆为 3 段，对应代码如下：

```
temp = (int64) SysParas.Ibase* MotorParas.LsPm / SysParas.Ubase;
temp = (int64) temp* SysParas.PwmFrq >> 16;      // PwmFrq 为 PWM 频率，即电流采样频率
temp = (int64) temp* 6597L >> 12;
temp = __IQsat(temp, 60000, 100);
ACR.Id_Kp = temp;
```

在编写计算 PI 控制器的输出代码前，必须先确定输出限幅值。电流环 PI 控制器的输出为 dq 坐标系中的相电压，故限幅值当取系统能输出的最大相电压值。在使用 SVPWM 调制技术时，其线性区输出的最大相电压有效值为

$$v_{max} = \frac{U_{dc}}{\sqrt{2} \times \sqrt{3}} \quad (1\text{-}26)$$

式中，U_{dc} 为主回路直流母线电压；v_{max} 是一个 abc 坐标系内的电压，需要将其转换到 dq 坐标系内。假设代码中母线电压的单位为 0.1V，PI 控制器的输出限幅值用 Q24 格式数据表示，那么标幺化的限幅值为

$$v_{max\_prg} = \frac{v_{max}}{U_b} \times 2^{24} = \frac{U_{dc\_prg}/10}{\sqrt{6}U_{b\_prg}} \times 2^{24} \approx \frac{U_{dc\_prg}}{U_{b\_prg}} \times 10702 \times 2^6 \quad (1\text{-}27)$$

对应代码如下：

```
temp= ((int32)UDC.Filtered * 10702L)/SysParas.Ubase;   // UDC.Filtered 为经过滤波的
母线电压
MaxVoltOut = temp << 6;
maxu = MaxVoltOut;
minu =-maxu;
```

电流偏差与电流的数据格式一样，都是 Q15 格式数据的标幺值。积分量 ACR.Integral 用 Q24 格式数据表示，积分增益用 Q16 格式数据表示，于是计算积分量的代码如下：

```
DeltaId = Ref_Id - IMTQ15.Id;    //计算电流偏差
DeltaId = __IQsat(DeltaId, 4096, -4096);   //对电流偏差进行限幅
```

```
ACR.Integral = ACR.Integral + (ACR.Id_KiTs * DeltaId >> 7); //Q24=15+16-7
ACR.Integral = __IQsat(ACR.Integral, maxu, minu); // 对积分量进行限幅
```

上述代码对电流偏差做了限幅，这样可以有效抑制毛刺、突变之类的干扰。比例部分同样用 Q24 格式数据表示，比例增益用 Q12 格式数据表示，电流偏差用 Q15 格式数据表示，于是有以下代码：

```
temp1 = ACR.Id_Kp * DeltaId >> 3; //24 = 12+15-3
temp1 = ACR.Integral + temp1; //整体输出
temp1 = __IQsat(temp1,maxu ,minu);
ACR.UdOut = temp1 >> 9;
```

可以看到，输出电压是 Q15 格式数据。因为输入电流和 PI 控制器的增益都是标幺化值，所以计算出来的输出电压也是标幺化值。

1.2.2　进阶设计

1.2.2.1　延迟环节模型

延迟环节的传递函数和幅频响应分别为

$$G(s) = \mathrm{e}^{-s\tau}$$
$$|G(\mathrm{j}w)| = 1 \qquad\qquad (1\text{-}28)$$
$$\angle G(\mathrm{j}w) = 2\pi f\tau$$

式中，τ 为延迟时间；j 为虚数单位；w 为角频率。延迟环节的增益为 1，相位滞后是线性的。信号通过延迟环节不改变其性质，仅在时间上有滞后。使用泰勒级数展开，可以将延迟环节的传递函数化为

$$G(s) = \mathrm{e}^{-s\tau} = \frac{1}{\mathrm{e}^{s\tau}} = \frac{1}{1 + \tau s + \tau^2 s^2 / 2! + \tau^3 s^3 / 3! + \cdots} \qquad (1\text{-}29)$$

当延迟时间 τ 比较小时，忽略高次项，此时，延迟环节可以简化为一个惯性环节：

$$G(s) = \frac{1}{1 + \tau s} \qquad\qquad (1\text{-}30)$$

1.2.2.2　电流环延迟定量估计

电流控制回路上总的延迟大约为 3 个 PWM 周期（电流采样周期），主要由以下几项构成。
（1）PWM 输出。
电压型逆变器可以建模为一个周期为 PWM 周期的零阶保持器，其延迟为半个 PWM 周期。
（2）电流采样相关延迟。
电流采样保持有半个周期的采样延迟。在大多数情况下，电流采样周期与 PWM 周期相等，故电流采样延迟时间取半个 PWM 周期。硬件检测电路造成的延迟可以忽略不计，而 AD 转换的时间则包含在计算输出延迟中。

（3）计算输出延迟。

从电流采样到 PI 控制器输出生效有 1～2 个电流采样周期的延迟。一方面，触发电流采样之后可能要在下一个周期才能读到结果；另一方面，PI 控制器输出的控制量不会立即生效，即逆变电路 3 相 PWM 占空比不会立即更新，一般需要等半个或一个 PWM 周期后才会更新。计算输出延迟的具体值取决于微处理器的配置及相关代码架构。实际项目中应尽量将此类延迟降到最低。

1.2.2.3 考虑延迟电流环模型

如果考虑系统延时，那么电流环传递函数变为

$$H(s) = \frac{e^{-T_d s}}{L_s s + R_s}$$

式中，T_d 为各种延迟之和。若使用一个惯性环节来近似延迟环节，则传递函数可化为

$$G(s) = \frac{1/R_s}{(L_s/R_s s + 1)(T_d s + 1)} \tag{1-31}$$

式（1-32）中的时间常数 $\tau = L_s/R_s$ 要比 T_d 大得多（d 轴、q 轴均是如此），因此，在设计 PI 控制器时，仍然选择对消电气时间常数极点，得到以下开环传递函数：

$$OL(s) = C(s)G(s) = k_p \frac{(s + k_i)}{s} \frac{1/L_s}{(s + R_s/L_s)(T_d s + 1)} = \frac{k_p}{L_s s(T_d s + 1)}$$

进一步可得闭环传递函数为

$$M(s) = \frac{k_p}{L_s s(T_d s + 1) + k_p} = \frac{k_p/(T_d L_s)}{s^2 + 1/T_d s + k_p/(T_d L_s)} \tag{1-32}$$

这是一个二阶系统，比较可得系统的阻尼比 ξ 和自然角频率 w_n 分别为

$$\begin{cases} \xi = \sqrt{\dfrac{L_s}{4k_p T_d}} \\ w_n = \sqrt{\dfrac{k_p}{T_d L_s}} \end{cases} \tag{1-33}$$

综上，可解出 PI 控制器参数满足

$$\begin{cases} k_i = R_s/L_s \\ k_p = L_s/(4\xi^2 T_d) \end{cases} \tag{1-34}$$

由式（1-34）可知，阻尼比为 $\sqrt{1/2}$ 时的比例系数为

$$k_{\mathrm{p}} = \frac{L_{\mathrm{s}}}{2T_{\mathrm{d}}} \tag{1-35}$$

将式（1-35）代入式（1-33）计算自然角频率，进一步得系统调整时间 t_{s} 为

$$t_{\mathrm{s}} = \frac{2.96}{w_{\mathrm{n}}} = 2.96\sqrt{2}T_{\mathrm{d}} \approx 4.186T_{\mathrm{d}}$$

即 t_{s} 大约是 $4T_{\mathrm{d}}$，对应 12～15 个采样周期，基本上算是比较合理的。此时，系统带宽为

$$w_{\mathrm{b}} = w_{\mathrm{n}}\sqrt{1 - 2\xi^2 + \sqrt{4\xi^4 - 4\xi^2 + 2}} = w_{\mathrm{n}}\sqrt{1 - 1 + \sqrt{1 - 2 + 2}} = \sqrt{k_{\mathrm{p}}/T_{\mathrm{d}}L_{\mathrm{s}}}$$

系统超调为

$$\sigma = \mathrm{e}^{-\pi\xi/\sqrt{1-\xi^2}} \times 100\% \overset{\xi = 1/\sqrt{2}}{\Rightarrow} \sigma \approx 4.33\% < 5\%$$

不到 5% 的系统超调对于大多数应用都可以接受。将生成的 PI 控制器参数代入 Simulink 仿真模型，得到 q 轴电流响应，如图 1-5 所示。可以看到，系统对方波给定的响应还算理想。

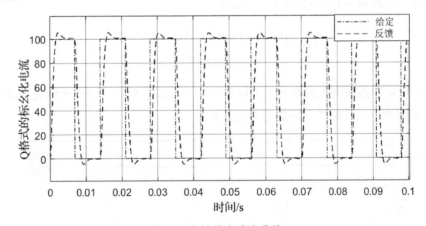

图 1-5　方波给定响应曲线

相对于直接设定阻尼比，更一般的方法是先根据系统时域指标（调整时间）确定自然角频率，然后由自然角频率确定比例增益。

1.2.2.4　电流环指令前馈

带有前馈支路的电流控制框图如图 1-6 所示。

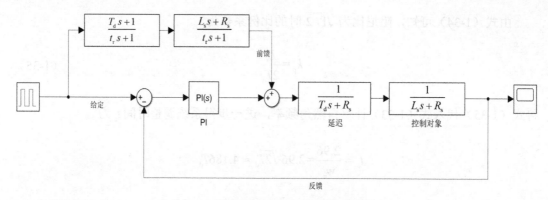

图 1-6　带有前馈支路的电流控制框图

取电机电感 $L_s = 0.000534\mathrm{H}$、$R_s = 0.021\Omega$，取系统延迟为 $T_d = 3 \times 1/8000\mathrm{s}$，得到如下电流环模型：

$$G_p = \frac{1}{3.75\mathrm{e}^{-4}s + 1} \cdot \frac{1}{0.000534s + 0.021} \tag{1-36}$$

引入前馈，在理想情况下，前馈应该是控制对象的逆，即

$$G_f = G_p^{-1} = (3.75\mathrm{e}^{-4}s + 1)(0.000534s + 0.021) \tag{1-37}$$

计算二重微分可能会带来比较大的干扰，因此增加两个一阶滤波器来减小前馈支路的带宽，低通滤波器的时间常数 $t_r = 0.00005\mathrm{s}$，于是有

$$G_f = \frac{(8\mathrm{e}^{-4}s + 1)(0.000534s + 0.021)}{(5\mathrm{e}^{-5}s + 1)(5\mathrm{e}^{-5}s + 1)} \tag{1-38}$$

图 1-7 所示为系统引入前馈前后的阶跃响应。可以看到，前馈在大幅提高响应速度的同时减小了超调，对系统性能的提升非常明显。

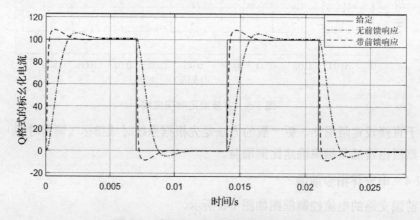

图 1-7　系统引入前馈前后的阶跃响应

前馈最主要的问题是容易受到系统输出能力的限制。如图 1-8 所示，前馈输出达到 5000，这在实际中是不可能达到的。因为前馈起作用的时间非常短，一旦输出受限，控制

对象对前馈输出的积分将会非常小，所以导致前馈的作用十分有限。

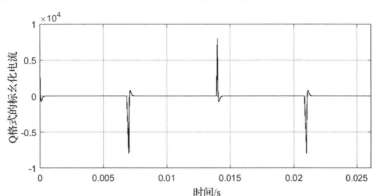

图 1-8　前馈输出

另外，前馈的问题是实现起来比较复杂。理想情况要求前馈中的两个零点分别对消控制对象传递函数中的两个极点，由于获取准确的参数有一定的困难，并且在运行时参数往往会发生变化，因此理想的前馈几乎不可能实现。

控制对象 G_p 中两个极点的转折频率分别为 $w_1 = 0.021/0.000534\text{rad/s} \approx 39.33\text{rad/s}$、$w_2 = 1/3.75\times10^{-4}\text{rad/s} \approx 2667\text{rad/s}$，分别取前馈零点转折频率 $w_{f1} = 25\text{rad/s}$、$w_{f2} = 2000\text{rad/s}$，保持低通滤波器参数不变，得到的系统阶跃响应如图 1-9 所示。

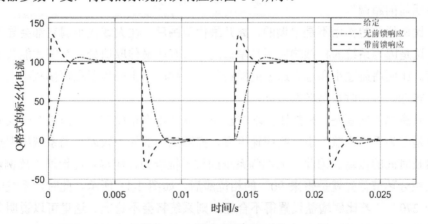

图 1-9　非理想前馈阶跃响应

可以看到，当前馈零点不能准确对消控制对象的极点时，保持前馈增益不变会带来很大的超调，通过适当减小前馈增益可以减小超调，达到或接近理想前馈的效果。实践中一般选择更简单的做法，即直接在给定上乘以一个系数并叠加到输出中，保证不超出范围即可。

1.2.2.5　调参原则

式（1-31）所示为考虑系统延迟时的电流环模型，此时，电流环模型可以看作一个双极点低通滤波器，以其为控制对象，引入比例控制，比例增益取不同值时的系统波德图如图 1-10 所示。可以看到，比例增益变化令系统的幅频响应曲线上下平移，但对系统的相频响应没有影响。系统相位滞后范围为 0 到-180°，故无论比例增益取何值，系统都能保持稳定。系统的相频响应曲线单调递减，这意味着比例增益越小，获得的相位裕度越大。

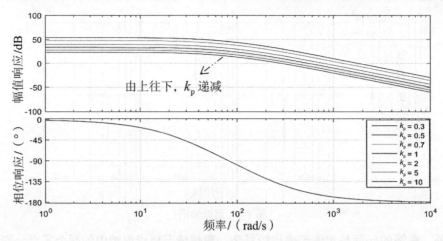

图 1-10　比例增益取不同值时的系统波德图

从系统稳定性的角度考虑，参数调节应该保证系统有足够的相位裕度和增益裕度，这要求将比例增益调节得比较小。另外，一般的应用都对系统的响应速度有一定的要求，这就需要一定的系统带宽，需要将比例增益调得比较大。综合考虑，就是"在保证系统稳定的前提下，尽量增大系统带宽"，反映到具体的调节操作中就是"逐步增大比例增益，直到系统产生明显的超调"。

有时比例增益的作用不是单调的，离开最优范围后，往大或往小调它都会导致系统性能恶化。这是因为系统的相频响应不是单调的，只有在最佳取值处，系统才能获得足够的相位裕度。比例增益过小和过大造成的振铃是不一样的，主要体现在振荡频率上，过小时振荡频率较低，过大时振荡频率较高。

一个有意思的问题是，虽然比例增益较小时系统稳定裕度较大，但是有时反而会产生振荡，这是因为系统增益较小时响应速度慢，抑制扰动的能力较差，当系统出现扰动时就会产生较长时间的振荡。因此，为加强系统的抗干扰能力，应尽可能地增大比例增益。

引入积分环节首先就是带来 90°的相位滞后，如图 1-11 所示。此时，系统的最大相位滞后为 270°，若比例增益设置得不合理，则系统将会不稳定。这里可以说明分段调节参数的好处，即先调节比例参数可以避免积分环节对系统稳定性造成影响。

积分环节同时引入了一个开环零点，随着频率的上升，此零点最终可将 90°的相位滞后完全补偿。积分增益决定 PI 控制器的转折频率，在转折频率处，零点可以提供大约 45°的超前校正量。很明显，PI 控制器的转折频率越低，其在中高频段造成的相位滞后将越小，图 1-11 可以看作积分增益无穷大的结果。

积分增益越小，相位裕度越大，但是消除稳态误差的速度也会越慢，因此，在设定积分增益时，要根据应用在响应速度与稳定性之间做好取舍。一般稳定性的度量指标采用超调，只要超调大小合适就可以接受。而消除稳态误差的速度则是越快越好，如此，积分增益在允许的范围内应尽量大。

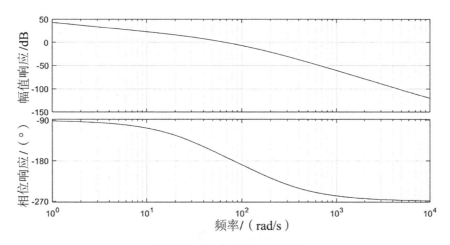

图 1-11　积分环节引入滞后

　　如图 1-12 所示，积分环节对系统幅频响应的影响集中在低频段，对系统的穿越频率（中频段）几乎没有影响，但是在穿越频率处还是会造成一些相位滞后。积分增益越大，系统幅频响应低频增益越大，因为低频段反映了系统跟踪控制信号的稳态精度，所以积分增益越大，系统稳态误差越小。

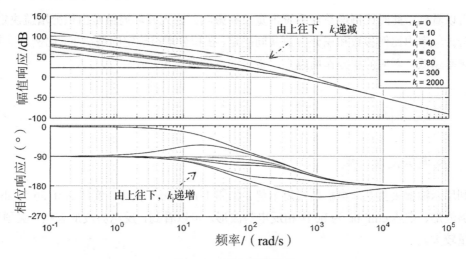

图 1-12　积分增益调节

　　综上所述，调节 PI 控制器参数时应该在保证系统有一定稳定裕度的前提下尽量增大控制器的增益，比例增益越大，系统响应速度越快，抗扰动能力越强；积分增益越大，系统稳态误差消除越快。

　　补充一下 PI 控制器增益对扰动响应的影响：比例增益大对中频扰动有更强的抑制能力，同时较大的比例增益允许更大的积分增益，能间接地帮助改善低频抗扰能力；大积分增益有助于增强系统的低频抗扰动能力。具体来说，比例增益越大，扰动响应的幅值越小；而积分增益越大，扰动响应（抑制为 0）的时间越短。需要强调的是，如果积分增益为零，则系统往往不能彻底消除扰动响应，无法获得理想的扰动响应，这正是 PI 控制器相对于 P 控制器的一大优点。

电流控制器可以接受方波响应有 15%左右的超调，因为在实际应用中，方波是极为严苛而少见的输入类型，并且在电流环前端往往有滤波器对输入信号进行限制。时域 15%的超调大约对应频域 4dB 的凸峰。

需要强调的是，上述讨论仅仅适用于经典形式的 PI 控制器，如式（1-39）所示。对于其他形式的 PI 控制器，应该先做形式上的变换再做讨论。

$$C(s) = k_p(1 + \frac{k_i}{s}) \tag{1-39}$$

对于并联型 PI 控制器，有

$$C(s) = k_p + \frac{k_i}{s} \tag{1-40}$$

整理得

$$C(s) = \frac{k_p s + k_i}{s} = \frac{k_i(k_p/k_i s + 1)}{s} \tag{1-41}$$

可以看到，此时比例增益对系统带宽没有影响，因为开环增益是由积分增益决定的。积分转折频率由比例参数和积分参数共同确定，在积分增益确定的情况下，比例增益越大，转折频率越低，对应的积分作用越小，带来的相位滞后也越小。

1.3 实战案例

1.3.1 反电势谐波补偿

利用示波器采集某款电机的线反电势，如图 1-13 所示。其中，实线 emf_ab 为 ab 两相反电势波形、虚线 emf_bc 为 bc 两相反电势波形。可以看到，反电势波形有些"尖顶"，谐波含量较大。

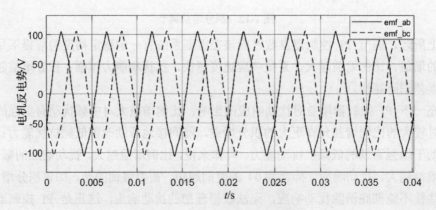

图 1-13 ab、bc 两相反电势波形

由于对称的三相线反电势分别为 e_{ab}、e_{bc}、e_{ca}，因此后续先将 e_{cb} 取反得到 e_{bc}。由线电压方程组可以求得三相相反电势 e_a、e_b、e_c 分别为

$$\begin{cases} e_{ab} = e_a - e_b \\ e_{bc} = e_b - e_c \\ e_{ca} = e_c - e_a \\ 0 = e_a + e_b + e_c \end{cases} \Rightarrow \begin{cases} e_a = (e_{ab} - e_{ca})/3 \\ e_b = (e_{bc} - e_{ab})/3 \\ e_c = (e_{ca} - e_{bc})/3 \end{cases} \tag{1-42}$$

根据式（1-42）对采集的数据进行处理，得三相反电势波形，如图 1-14 所示。

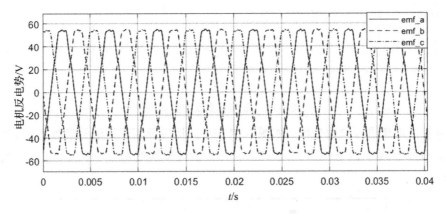

图 1-14　三相反电势波形

对三相反电势做 Clark 变换，结果如图 1-15 所示。α 轴的反电势波形与 abc 坐标系中的 a 相反电势波形一样，为梯形波；而 β 轴的反电势则为尖顶波，两者都有相当程度的畸变。

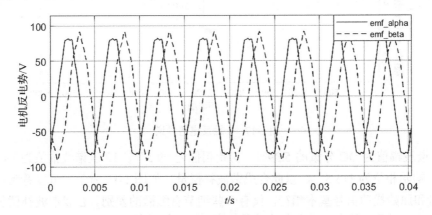

图 1-15　$\alpha\beta$ 坐标系反电势波形

以转子磁场轴线为 d 轴建立 dq 坐标系后，电机反电势将全部落在 q 轴上。为使用 Park 变换将上述反电势变换到 dq 坐标系，需要确定每个数据对应的角度。因为测试时电机是匀速转动的且运行频率已知，所以只需先确定电机 0 角度，再计算其他角度即可。

电机正转（规定逆时针为正）时，在 d 轴接近并越过 a 轴的过程中，反电势矢量在 a 轴的投影由正变为负。此时，a 相反电势 emf_a 由正到负穿越零点（反转则正好相反，即反电势由负到正穿越零点）。a 相反电势过零点对应线反电势 e_{bc} 取得峰值，并且由正到负

过零点对应正向峰值，由负到正过零点对应负向峰值。于是，正转时 e_{bc} 正向峰值对应电机 0 角度，反转时 e_{bc} 负向峰值对应电机 0 角度。将反电势由 $\alpha\beta$ 坐标系变换到 dq 坐标系，如图 1-16 所示。可以看到，反电势几乎全部落在 q 轴上，d 轴上为谐波分量。

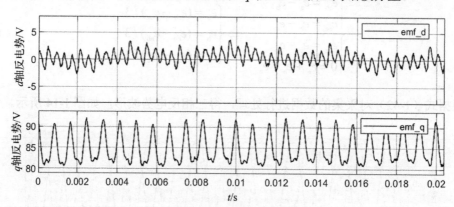

图 1-16　dq 坐标系反电势波形

对 q 轴反电势进行频谱分析，如图 1-17 所示，比较显著的谐波分量频率为 1200Hz 和 2400Hz，分别对应 7 次谐波和 11 次谐波（因为旋转变换变为 6 次和 12 次，基波频率为 200Hz）。

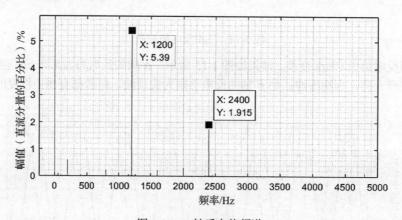

图 1-17　q 轴反电势频谱

6 次谐波幅值为 DC 分量的 5.39%，初始相位为 99.5°；12 次谐波幅值为 DC 分量的 1.915%，初始相位为 115.5°，以此合成谐波补偿量，如图 1-18 所示。可以看到，合成谐波补偿量和原始扰动信号基本相符，仅有一些细节有细微的差别。合成谐波补偿量的公式如式（1-43）所示，其中，θ 为当前转子角度，φ 为初始相位。

$$x = \sin(6\theta + \varphi) \tag{1-43}$$

很明显，q 轴反电势的波动会对电流控制造成不利的影响，尤其在转速较高的情况下，当电流环控制器对高频扰动无法形成有效抑制时，影响会更大。而对 q 轴反电势谐波进行补偿则不受带宽的限制，可以在全转速范围内有效降低扰动。如图 1-19 所示，补偿之后，q 轴反电势波动由 10V 降低到 2V 左右，补偿效果非常显著。

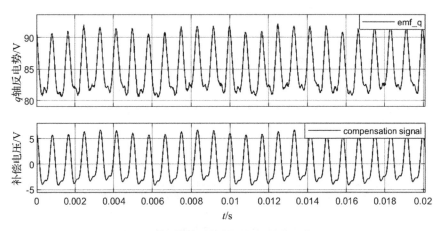

图 1-18　合成谐波补偿量与原始扰动信号

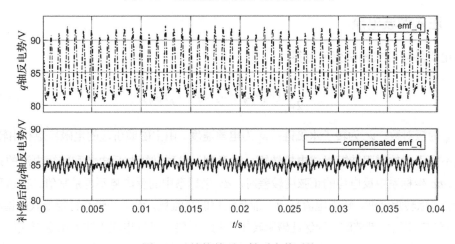

图 1-19　补偿前后 q 轴反电势对比

分析 $\alpha\beta$ 坐标系反电势频谱，如图 1-20 和图 1-21 所示，注意到主要的谐波阶次为 5 次、7 次和 11 次。经过 Park 变换之后，5 次和 7 次谐波变为 6 次谐波，11 次谐波变为 12 次谐波，与 dq 坐标系中的分析结果吻合。

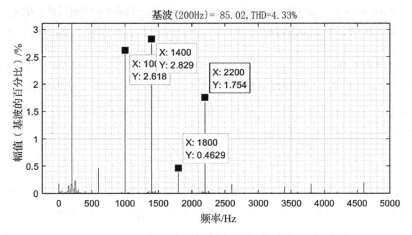

图 1-20　α 轴反电势频谱

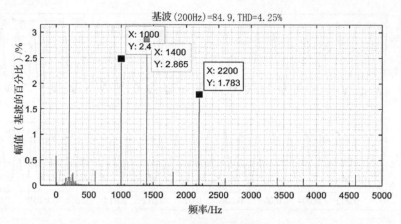

图 1-21 β 轴反电势频谱

1.3.2 注入谐波电流

将电机转矩公式稍做变形可得

$$T_e = \frac{3n_p}{2w_e}[w_e\psi_r i_q + w_e(L_d - L_q)i_d i_q] \tag{1-44}$$

式中，n_p 为极对数；ψ_r 为转子永磁链；w_e 为电角速度。由主磁通引起的电磁转矩和由转子 dq 轴磁阻不同引起的磁阻转矩组成电机转矩。注意到，电磁转矩与反电势和转矩电流的乘积有关。当 abc 坐标系中反电势的正弦度较差时，dq 坐标系中的反电势不再是常值。在这种情况下，为了消除转矩谐波，转矩电流反而不能是恒定的直流量，而必须带有特定形式的谐波。同样，当 q 轴电流包含谐波时，为保证磁阻转矩平稳，需要在 d 轴电流中注入指定形式的谐波。

由 1.3.1 节可知，在 dq 坐标系内，反电势主要含有 6 次和 12 次谐波，如果在转矩电流中也注入 6 次和 12 次谐波，那么两者相乘可得

$$
\begin{aligned}
e_q i_q &= E_m[1+a\sin(6\theta+\alpha)+b\sin(12\theta+\beta)]I_m[1+a\sin(6\theta+\gamma)+b\sin(12\theta+\lambda)] \\
&= I_m E_m[1+a\sin(6\theta+\alpha)+b\sin(12\theta+\beta)+ \\
&\quad a\sin(6\theta+\gamma)+a^2\sin(6\theta+\gamma)\sin(6\theta+\alpha)+ab\sin(6\theta+\gamma)\sin(12\theta+\beta)+ \\
&\quad b\sin(12\theta+\lambda)+ab\sin(6\theta+\alpha)\sin(12\theta+\lambda)+b^2\sin(12\theta+\lambda)\sin(12\theta+\beta)]
\end{aligned}
\tag{1-45}
$$

式中，a、b 分别为 6 次、12 次谐波幅值系数；α、β 和 γ、λ 分别为反电势谐波与电流谐波的初始相位；E_m、I_m 分别为反电势基波幅值、电流基波幅值；θ 为电机转子角度。因为系数 a、b 较小（一般小于 5%），所以它们的平方项和乘积项相对而言很小，可以忽略不计。于是有

$$e_q i_q \approx I_m E_m(1+a\sin(6\theta+\alpha)+a\sin(6\theta+\gamma)+b\sin(12\theta+\lambda)+b\sin(12\theta+\beta)) \tag{1-46}$$

式中，6 次和 12 次项是影响比较显著的谐波分量，需要处理掉。由式（1-46）可知，当注入的电流谐波幅值和反电势谐波幅值一致时，令它们的初始相位相差 180° 就可以实现对消。

式（1-45）中被忽略的二次项的频率分量是比较复杂的，由三角函数积化和差公式可知其包含直流分量和 6 次、12 次、18 次、24 次谐波分量。总之，注入谐波电流之后，那

些幅值较大、频率较低的转矩谐波会消失，但是会引入频率更高的谐波。但后者幅值很小、频率高，其实际影响可以忽略不计。

图 1-22 所示为 q 轴反电势 e_q 及带补偿的 q 轴转矩电流 i_q 的波形，其中，q 轴反电势是原始信号，而带补偿的 q 轴转矩电流 i_q 则是根据反电势的主要谐波分量构建得来的。图 1-22 中的电流波形与反电势波形的变化趋势相反，两者波动量幅值不相等，但是与各自直流分量的比值相等。如图 1-23 所示，注入谐波后，转矩相对于原始转矩脉动减小了很多。

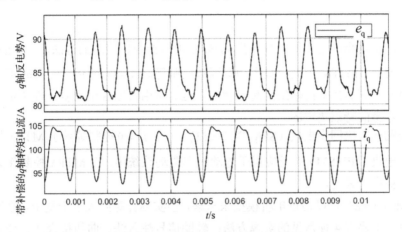

图 1-22　q 轴反电势及带补偿的 q 轴转矩电流

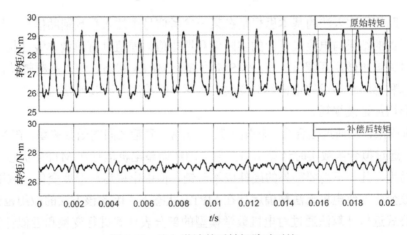

图 1-23　注入谐波前后转矩脉动对比

谐波注入受采样频率的影响比较大，以 10kHz 的采样频率为例，此时可精确采样的最高信号频率大约为 2.5kHz，考虑 5 次、7 次和 11 次谐波的采样，可处理的基波频率分别为 500Hz、360Hz、220Hz。超过这些频率以后，相应的谐波分量会出现采样失真，自然无法准确地进行谐波注入。一台四对极的电机，大约在 3000r/min 以上就不能采样 11 次谐波，5400r/min 以上不能采样 7 次谐波，7500r/min 以上不能采样 5 次谐波。注入谐波电流依托电流环实现，考虑到电流环的带宽，实际能正确注入谐波的频率只会更低。

谐波注入只适合在低频段使用，尽管如此，在实际应用中，它仍然有用武之地。因为机械系统本身具有低通特性，中高频段对应的转矩谐波大概率会被充分衰减，从而不需要进行额外处理。于是，消除低频谐波转矩往往就能解决相关问题。

第 2 章

电流控制策略与标定

电流控制策略指的是由转矩指令生成 dq 轴电流指令所采用的方法，常见的有 $i_d = 0$ 控制、MTPA 控制、MTPV 控制、最大功率因数控制等。在实际应用中，有时不只用一种控制策略，而将不同的控制策略结合起来使用。这既是由实际应用的复杂性决定的，又是由各控制策略本身的特点决定的。

对于表贴式永磁同步电机（SPMSM）的 $L_d = L_q$、$i_d = 0$ 控制等效于 MTPA 控制。凸极式永磁同步电机（IPMSM）广泛应用于电动汽车驱动系统中，而 MTPA 控制作为一种高效的控制策略被广泛采用。

虽然 MTPA 控制可以通过电机模型来求解，但实际计算结果过于复杂，难以直接用于工程。目前，主要有 4 种常见的实现方法：辅助信号注入法、曲线拟合法、公式近似计算法、查表法。

（1）辅助信号注入法的基本思想是在某一参考信号中注入高频辅助信号，反馈信号经过调制后得到的结果与电流矢量角的实际值和期望值的差值具有单调非线性相关性，根据所得结果对矢量角做闭环调节，使 IPMSM 收敛于 MPTA 状态。注入高频辅助信号对由于温度和磁饱和等因素造成的电机参数变化不敏感，但是注入高频辅助信号必然导致转矩波动，同时会增加谐波损耗。

（2）曲线拟合法通过拟合给定转矩于某一可观测变量之间的函数关系，在 MCU（微处理器）中，通过拟合函数实时计算出给定值，闭环调整电机运行在 MTPA 状态下。曲线拟合法简单易用，几乎不需要额外的硬件成本开销，但由电机运行温度变化、磁饱和等因素引起的参数变化导致电机无法精确运行在 MPTA 状态下，因此该方法的应用范围受限。

（3）公式近似计算法通过对电机数学模型的部分表达式进行变换和近似计算，MTPA 求解表达式简化，同时电机参数变化时可采用在线参数辨识的策略更新电机参数即可获得更准确的 MTPA 给定值。

（4）查表法同曲线拟合法，求得 MTPA 状态下的唯一解，将求解结果按照需求的分辨率存储为数据表，若已知磁饱和，以及温度影响下的转子永磁体磁通、电感的变化值，则可以构建多维数据表，可以使电机更精准地趋向 MTPA 状态。

在以上 4 种方法中，目前应用最为广泛的仍是查表法。查表法简单易用，几乎不占用额外的 MCU 计算资源。因此本章重点介绍查表法详细的标定过程。

2.1　电流控制策略

分析电流控制策略一般在 dq 坐标系电流平面进行，结合电压极限椭圆、电流极限圆及恒转矩曲线可以分析不同条件下的最优控制方式。忽略定子电阻上的压降，假设稳态时电流不变，则由电压平衡方程可得电压椭圆方程：

$$U_{\mathrm{m}}^2 = w_{\mathrm{e}}^2(\psi_{\mathrm{r}} + L_d i_d)^2 + w_{\mathrm{e}}^2(L_q i_q)^2 \tag{2-1}$$

式中，L_d、L_q 分别为电机 d 轴、q 轴的电感；ψ_{r} 为电机转子永磁链；i_d、i_q 分别为 d 轴、q 轴的电流；w_{e} 为电角速度；U_{m} 为控制器输出相电压的幅值，可以是有效值也可以是峰值。特别地，当 U_{m} 取最大值时，对应的电压椭圆称为电压极限椭圆。当选择有效值时，U_{m} 的最大值为

$$U_{\mathrm{m}} = U_{\mathrm{dc}} / \sqrt{6} \tag{2-2}$$

式中，U_{dc} 表示母线电压。电压椭圆方程式（2-1）可写为

$$i_q^2 / (\frac{U_{\mathrm{m}}}{L_q w_{\mathrm{e}}})^2 + (i_d + \frac{1}{L_d}\psi_{\mathrm{r}})^2 / (\frac{U_{\mathrm{m}}}{L_d w_{\mathrm{e}}})^2 = 1 \tag{2-3}$$

为方便 MATLAB 作图，将其化成三角函数的形式，可得

$$\begin{cases} i_d = -\dfrac{\psi_{\mathrm{r}}}{L_d} + \dfrac{U_{\mathrm{m}}}{L_d w_{\mathrm{e}}}\sin\theta \\[2mm] i_q = \dfrac{U_{\mathrm{m}}}{L_q w_{\mathrm{e}}}\cos\theta \end{cases} \tag{2-4}$$

由电压椭圆方程式（2-1）可求得电角速度为

$$w_{\mathrm{e}} = U_{\mathrm{m}} / \sqrt{L_q^2 i_q^2 + (\psi_{\mathrm{r}} + L_d i_d)^2} \tag{2-5}$$

这是当前电压条件下电机所能达到的最高转速，其大小与电流工作点相关。

如果令弱磁电流将电机永磁体产生的磁场完全抵消，就得到特征电流，即

$$i_d = -\psi_{\mathrm{r}} / L_d \tag{2-6}$$

对每台电机都可以算出其对应的特征电流，但是由于电流极限圆的限制，实际不一定能够达到，特征电流是否在电流极限圆内直接决定了弱磁 II 区是否存在，这对电机特性影响很大。值得一提的是，这里提到的抵消磁场指的是在气隙中抵消永磁磁场，并不是建立一个反向磁场直接作用在永磁体上。众所周知，直接对永磁体进行去磁操作很可能导致永

磁体损坏。

由转矩公式得等转矩曲线：

$$i_q = \frac{T_e}{3n_p[\psi_r + (L_d - L_q)i_d]} \qquad (2-7)$$

等转矩曲线是一条双曲线，曲线上所有点的转矩都相同但电流工作点不同。正是因为同一个转矩可以由无数组不同的电流产生，所以引出了电流控制策略的问题。这里有一个非常有意思的地方，在第一象限，无论 q 轴有多大的电流，都没有电磁转矩产生，无转矩励磁电流为

$$i_d = \psi_r / (L_q - L_d) \qquad (2-8)$$

2.1.1 MTPA 控制

MTPA 即最大转矩电流比，是在电流约束下求取电磁转矩最大值得到的结果。MTPA 曲线实质是恒转矩曲线和电流圆相切点的集合。MTPA 曲线上的 i_d 和 i_q 满足以下方程：

$$i_d = \frac{-\psi_r + \sqrt{\psi_r^2 + 4(L_d - L_q)^2 i_q^2}}{2(L_d - L_q)} \qquad (2-9)$$

式（2-9）仅描述了 dq 轴电流的相对关系，还需要引入电流圆以确定具体的工作点。当电流矢量幅值为 I_m 时，有

$$i_d^2 + i_q^2 = I_m^2 \qquad (2-10)$$

很明显，在电流平面上，式（2-10）是一个半径为 I_m 的圆，称为电流圆。特别地，当 I_m 取电流极限值时，对应电流圆称为电流极限圆。联立式（2-9）和式（2-10）可解得在电流幅值一定的情况下，最大转矩电流比工作点为

$$\begin{cases} i_d = -\dfrac{\psi_r}{4(L_d - L_q)} - \sqrt{\dfrac{\psi_r^2}{16(L_d - L_q)^2} + \dfrac{1}{2}I_m^2} \\ i_q = \sqrt{I_m^2 - i_d^2} \end{cases} \qquad (2-11)$$

式（2-11）中的 d、q 轴电流都是电流幅值的函数。

图 2-1 所示为 MTPA 曲线示意图，其中除 MTPA 以外，还绘制了电机额定电流和峰值电流对应的电流圆，以及对应额定转矩和峰值转矩的恒转矩曲线。可以观察到，MTPA 曲线上的点为恒转矩曲线与电流圆的切点。注意到 MTPA 绝大部分都在峰值电流圆（电流极限圆）以外，这些工作点是没有实际意义的。

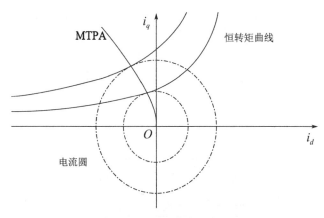

图 2-1　MTPA 曲线示意图

这里的额定转矩和峰值转矩是将 MTPA 工作点代入转矩公式计算得到的。一般来说，用公式算出来的值比电机实际的输出转矩要大一些。一方面，这是因为峰值电流下磁饱和，电机电感参数发生了一定程度的变化；另一方面，公式计算的是电磁转矩，而转矩传感器测量的是机械转矩，两者并不一样。举例来说，某 60kW 电机的峰值转矩为 450N·m、对应电流为 280A，对应的电机参数为 $L_d = 0.00026\text{H}$、$L_q = 0.00053\text{H}$、$\psi_\text{r} = 0.078\text{Wb}$。由转矩公式计算 $i_d \approx -139\text{A}$、$i_q \approx 243\text{A}$ 时，峰值转矩 $T_\text{p} = 506\text{N·m}$，这比 450N·m 要大得多。

除电流极限圆之外，MTPA 还受电压椭圆的限制。在图 2-1 的基础上增加极限电压下转折速度对应的电压椭圆，以及与 MTPA 曲线相切的电压椭圆，如图 2-2 所示。很明显，MTPA 曲线只有一部分在电压椭圆内部，只有这部分工作点才是有效的。

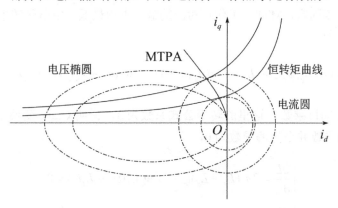

图 2-2　MTPA 与电压椭圆

将 MTPA 曲线与电流极限圆的交点代入式（2-5）可以求得所谓的转折速度。在转折速度之下，MTPA 曲线全部包含在电压椭圆内，MTPA 控制有效，电机可持续输出最大转矩；在转折速度之上，MTPA 曲线部分或全部被排除在电压椭圆外，此时，MTPA 控制不再总是有效，电机输出转矩将持续减小。

MTPA 曲线与电压椭圆相切时仅有一个 MTPA 工作点（切点）有效。联立电压椭圆与 MTPA 曲线方程

$$\begin{cases} i_d = \dfrac{-\psi_r + \sqrt{\psi_r^2 + 4(L_d - L_q)^2 i_q^2}}{2(L_d - L_q)} \\[4mm] U_m^2 = w_e^2(\psi_r + L_d i_d)^2 + (w_e L_q i_q)^2 \end{cases} \tag{2-12}$$

求得切点坐标为

$$\begin{cases} i_d = -\dfrac{4(L_d / L_q - 1)^2 L_d + (L_d - L_q)}{4[(L_d / L_q - 1)^2 L_d^2 + (L_d - L_q)^2]} \psi_r \\[4mm] i_q = \sqrt{\dfrac{[\psi_r + 2(L_d - L_q)i_d]^2 - \psi_r^2}{4(L_d - L_q)^2}} \end{cases} \tag{2-13}$$

将切点坐标代入式（2-5）求得对应转速在 4500r/min 左右（电机峰值转速为 5500r/min）。若电机转速继续升高，电压椭圆将进一步收缩，则 MTPA 曲线上所有的工作点都不能达到，MTPA 控制完全失效。

MTPA 曲线上的工作点是全局最优的，即对于同样的转矩需求，MTPA 工作点的电流幅值最小，在整个复平面上不会存在其他工作点能以更小的电流产生同样的转矩。

2.1.2　MTPV 控制

MTPV 即最大转矩电压比，是以电压为约束条件求电磁转矩极大值所得的结果。就产生某一特定的转矩而言，MTPV 工作点对应的输出电压最低。由电磁转矩公式与电压方程构造拉格朗日函数：

$$L(T) = 3n_p[\psi_r i_q + (L_d - L_q)i_d i_q] + \lambda[U_m^2 - w_e^2(\psi_r + L_d i_d)^2 - (w_e L_q i_q)^2] \tag{2-14}$$

式中，λ 为拉格朗日乘数，这里的转矩公式系数为 3，说明 Clark 变换系数为 $\sqrt{2}/3$。对式（2-14）求偏导数并令各偏导数为 0，即

$$\begin{cases} \dfrac{\partial L}{\partial i_d} = 3n_p(L_d - L_q)i_q - 2\lambda w_e^2 L_d(\psi_r + L_d i_d) = 0 \\[3mm] \dfrac{\partial L}{\partial i_q} = 3n_p[\psi_r + (L_d - L_q)i_d] - 2\lambda w_e^2 L_q^2 i_q = 0 \\[3mm] \dfrac{\partial L}{\partial \lambda} = U_m^2 - w_e^2(\psi_r + L_d i_d)^2 - (w_e L_q i_q)^2 = 0 \end{cases} \tag{2-15}$$

解方程求得拉格朗日乘数为

$$\lambda = \dfrac{n_p(L_d - L_q)i_q}{w_e^2 L_d(\psi_r + L_d i_d)} \tag{2-16}$$

将 λ 代入式（2-15）可得 i_d 和 i_q 满足以下关系：

$$i_q = \sqrt{\frac{L_d(\psi_r + L_d i_d)[\psi_r + (L_d - L_q)i_d]}{(L_d - L_q)L_q^2}} \tag{2-17}$$

或

$$i_d = -\frac{\psi_r}{L_d} + L_q \frac{-\psi_r + \sqrt{\psi_r^2 + 4(L_d - L_q)^2 i_q^2}}{2(L_d - L_q)L_d} \tag{2-18}$$

当 $i_q = 0$ 时，$i_d = -\psi_r / L_d$，说明 MTPV 曲线通过同步电机特征电流点。

绘制 MTPV 曲线，如图 2-3 所示。可以看到，MTPV 曲线由恒转矩曲线和电压椭圆的相切点构成。当电压椭圆较大时，这些相切点都在电流圆外部，没有实际意义。随着转速的升高或电压输出能力的下降，电压椭圆变小，MTPV 曲线的一部分工作点将出现在电流圆内部，这些工作点是有效的。

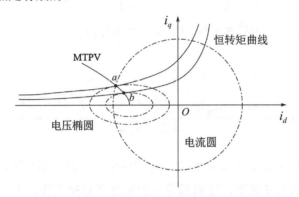

图 2-3　MTPV 曲线示意图

注意到 MTPV 曲线全部在特征电流左侧，故电机极限电流大于特征电流是 MTPV 控制有效的前提。电流沿着 MTPV 曲线运行，这一区域称为弱磁 II 区。在弱磁 II 区，随着转速的升高，弱磁电流是减小的，这点与常规弱磁工况正好相反。

进入 MTPV 要求电机有比较高的转速，因为在最大电压不变的前提下，只有转速升高到一定程度，MTPV 曲线才会进入电流极限圆内部。求 MTPV 第一个有效的工作点，联立式（2-17）和电流圆方程

$$\begin{cases} i_q = \sqrt{\dfrac{L_d(\psi_r + L_d i_d)[\psi_r + (L_d - L_q)i_d]}{(L_d - L_q)L_q^2}} \\ i_d^2 + i_q^2 = I_m^2 \end{cases} \tag{2-19}$$

化简并解方程得到电流工作点

$$\begin{cases} i_d = \dfrac{-\psi_r L_d (2L_d - L_q) + \sqrt{[L_d^2 (2L_d - L_q)^2 - 4L_d (L_d - L_q)(L_q^2 + L_d^2)]\psi_r^2 + 4L_q^2 I_m^2 (L_q^2 + L_d^2)(L_d - L_q)^2}}{2(L_q^2 + L_d^2)(L_d - L_q)} \\ i_q = \sqrt{I_m^2 - i_d^2} \end{cases}$$

$$\text{(2-20)}$$

这是 MTPV 曲线的起点，将其坐标代入电压椭圆方程可以得到对应的电机转速。

正是因为存在转速上的限制，原本一些理论上存在 MTPV 工作点的电机也由于转速受限而不会工作在 MTPV 曲线上。理论上，MTPV 曲线的终点为电机特征电流点，对应电机转速为无穷大。实际上，电机设计之初就设有最高转速，其对应的工作点即 MTPV 曲线的终点。图 2-3 中的两个电压椭圆分别穿过 MTPV 曲线的起点 a 和终点 b，两条恒转矩曲线同样如此。

联立式（2-17）和电压椭圆方程得

$$\begin{cases} i_q = \sqrt{\dfrac{L_d (\psi_r + L_d i_d)[\psi_r + (L_d - L_q)i_d]}{(L_d - L_q)L_q^2}} \\ U_m^2 = w_e^2 (\psi_r + L_d i_d)^2 + (w_e L_q i_q)^2 \end{cases}$$

$$\text{(2-21)}$$

解方程得

$$i_d = \frac{-(4L_d - 3L_q)\psi_r + \sqrt{L_q^2 \psi_r^2 + 8(L_d - L_q)^2 U_m^2 / w_e^2}}{4(L_d - L_q)L_d}$$

$$\text{(2-22)}$$

在式（2-22）中，d 轴电流是电角速度 w_e 的函数，这表明 MTPV 曲线上的每个点都对应特定的转速。在其他转速下，电机虽然也能运行在这些工作点上，但这时运行状态和 MTPV 控制没有任何联系。式（2-22）和式（2-17）共同描述了 MTPV 曲线，即

$$\begin{cases} i_d = \dfrac{-(4L_d - 3L_q)\psi_r + \sqrt{L_q^2 \psi_r^2 + 8(L_d - L_q)^2 U_m^2 / w_e^2}}{4(L_d - L_q)L_d} \\ i_q = \sqrt{\dfrac{L_d (\psi_r + L_d i_d)[\psi_r + (L_d - L_q)i_d]}{(L_d - L_q)L_q^2}} \end{cases}$$

$$\text{(2-23)}$$

通过式（2-23）求得 MTPV 工作点之后，可以计算每个工作点的转矩。又因为每个工作点和转速对应，所以可求得每个转速对应的输出功率。某品牌 50kW 电机的弱磁 II 区转矩和功率如图 2-4 所示。可以看到，随着转速的上升，电机输出功率有一定程度的减小，但减小并不剧烈。

MTPV 曲线上的工作点是全局最优的，在转速不变的情况下，整个电流平面上没有任何其他工作点，能以更小的输出电压产生同样大小的转矩。MTPV 曲线上的工作点弱磁电流超过电机特征电流。虽然当弱磁电流接近或超过特征电流时可能会对永磁体造成不可逆

转的损伤，但实践中这种情况几乎不会出现。因为对于 IPM 电机，去磁磁场并不直接作用于永磁体，不会使永磁体消磁。

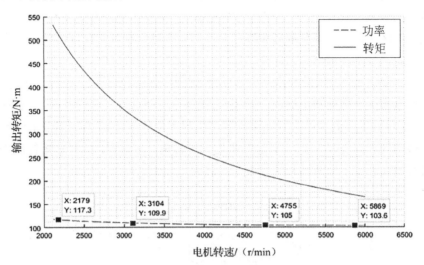

图 2-4 MTPV 转矩功率分析

2.1.3 最小铜耗控制

电机铜耗与电机电流的 2 次方成正比，使铜耗最小意味着要将电机电流减到最小。在控制器输出允许的情况下，可以通过 MTPA 控制来最小化输出电流。当电压需求超过控制器的输出能力时，MTPA 控制失效，此时仍然可以在余下的有效工作区域中寻获局部最优工作点。

图 2-5 给出了在不同条件下最小电流工作点选取的示意图，其中恒转矩曲线 T_0 和恒转矩曲线 T_1 分别对应转矩 T_0 与 T_1。电流平面中电压椭圆与电流圆的公共部分为有效工作区域，在此区域内，恒转矩曲线 T_0 与 MTPA 曲线有一个交点 d，而恒转矩曲线 T_1 则与 MTPA 曲线没有交点。在这种情况下，产生转矩 T_0 应该取点 d 作为最小电流工作点，产生转矩 T_1 应该取位于电压椭圆上的交点 c 作为最小电流工作点。

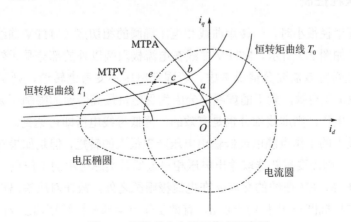

图 2-5 选取最小电流工作点示意图

确定恒转矩曲线 T_1 对应最小电流工作点的方法如下：首先假设有一个电流圆与此恒转

矩曲线相切，那么这个切点一定是位于 MTPA 曲线上的点 b；然后增大电流幅值，电流圆与恒转矩曲线的交点将由一个变为两个，并且随着电流幅值的增大，它们将沿着恒转矩曲线的延伸方向远离点 b。随着两个交点的不断移动，MTPA 曲线左侧的交点将与点 c 重合，进入有效工作区域。点 c 落在电压椭圆上，是第一个进入有效工作区域的点，也是当前条件下产生转矩 T_1 的最小电流工作点。

转速进一步提高，电压椭圆将不包含任何 MTPA 曲线，如图 2-6 所示。在这种情况下，电流工作点全部从电压椭圆上选取。转矩 T_0 接近 0，对应的工作点为点 a，此时，q 轴电流接近 0，d 轴弱磁电流也不大。如果需要产生更大的转矩，如 T_1，那么工作点沿电压椭圆由点 a 移动到点 b，直到点 c，无法产生更大的转矩。注意到，此时转矩提高少许，电机电流幅值就增大很多，电流增长主要发生在弱磁电流上。

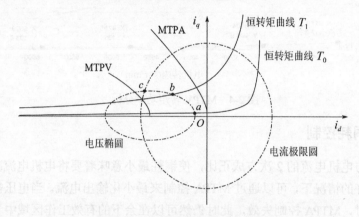

图 2-6 在电压椭圆上取电流工作点

使用上述控制策略，当转速达到一定范围后，输出电压都是最大电压，保持输出转矩不变而提高转速，可以观察到电流工作点逐渐左移而输出电压不变。控制器输出电压保持最大是可以预见的，电机的输出功率为电压与电流的乘积，保持功率不变，要使电流最小，自然会使电压取到最大值。

2.1.4 最小铁耗控制

当电压椭圆半径很小时，恒转矩曲线和电压椭圆的相切点（MTPV 曲线）就会进入电流极限圆内部，如图 2-7 所示。MTPV 曲线在电流极限圆以外的部分是无效的，在电流极限圆内的部分是否有效需要分情况考虑。若固定电压不变考虑转速，则电流极限圆内的 MTPV 曲线仅 ba 段有效，剩下的虚线部分因为受电机最高转速的限制而无法达到；若固定转速不变考虑电压，则虚线部分也是有效的，降低母线电压即可达到。

MTPV 曲线上的工作点能以最低输出电压产生最大的转矩，但是如果对应的工作点不在电流极限圆内，则需要重新选取输出电压相对最低且实际可用的工作点。如图 2-8 所示，恒转矩曲线 T_1 与 MTPV 曲线的交点 a 在电流极限圆之外，故在对应输出电压下无法产生转矩 T_1（对应电压椭圆与 T_1 相切于点 a，有效工作点全部在恒转矩曲线 T_1 下方）。逐步升高输出电压，电压椭圆将与恒转矩曲线产生两个交点。随着电压的升高，这两个交点将沿着恒转矩曲线远离点 a，直到与电流极限圆相交于点 b。很明显，最先进入电流极限圆的工

作点 b 对应的输出电压最低。换句话说，点 b 为当前转速下能以最低输出电压产生转矩 T_1 的工作点。

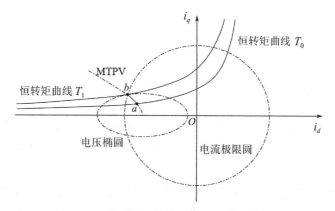

图 2-7 MTPV 曲线示意图

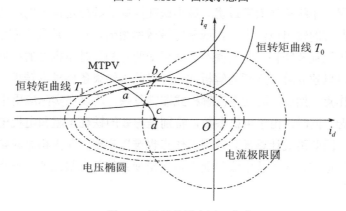

图 2-8 局部最低电压工作点

保持其他条件不变，将转速提高一倍，此时，电压椭圆半径变为原来的 1/2，从而无法输出转矩 T_1。仍然逐步升高输出电压，电压椭圆与恒转矩曲线 T_1 的交点将会从无到有，从点 a 移动到点 b。在点 b，电机将在新的转速下以新的最低输出电压产生转矩 T_1。注意：两种情形下的电流工作点保持不变，磁链不变。

按照上述控制策略选取的工作点基本上都在电流极限圆上，在低速时会有很大的去磁电流，这无论是对电机还是对控制器来说都是不合理的，很可能会引发过热。在弱磁 II 区，MTPV 控制是合理的，虽然输出电压仍然是控制器所能输出的最高电压，但这是因为所能选择的最低输出电压就是它。

对永磁同步电机（PMSM）来说，电机气隙磁链越小意味着电机的反电势越小，对应控制器的输出电压越低，因此，MTPV 和所谓的最大转矩磁链比 MTPF 是等价的。而电机运行时的铁耗与电压正相关，因此，最小化输出电压可以使铁耗最小，最小磁链控制即最小铁耗控制。

对于电压椭圆的理解不能仅仅停留在电压极限椭圆的概念上，电压椭圆有两个自变量，即转速和输出电压，每个自变量的变化都会导致椭圆大小变化。固定转速不变，降低输出电压可使电压椭圆缩小；固定输出电压，转速升高将使电压椭圆缩小；若保持转速和输出电压同步变化，则也有可能保持电压椭圆大小不变。

电压椭圆经过特定的电流工作点时对应的电压和转速是不固定的，而两者的比值是固定的。注意到电压/转速为电机的气隙磁链，因此电压椭圆实质上是气隙磁链椭圆。电压椭圆越小，对应电机的气隙磁链就越小，电压椭圆内的工作点可以理解为在当前气隙磁链或更小的气隙磁链下可以实现的电流工作点。

2.1.5 最高效率控制

现阶段，如何控制电机达到最高效率成为许多应用场景需要着重考虑的问题，并且人们不再单独考虑电机本身的控制效率，而是将整个系统纳入考查范围，寻求实现系统效率最优的方法。

最小铜耗策略可以减小电机电流，但是更高的输出电压牺牲了一定的电流调节能力，动态过程中可能会有电压饱和之虞。另外，电机高速运行时，铁耗所占比例可能更大，使铜耗最小并不能保证系统总体效率最优。最小铁耗控制的好处是输出电压低，高速运行时铁耗小。然而，此时的输出电流大，在低速区域效率很低，也不是最优方案。

综合考虑电机铜耗和铁耗，由均值不等式可知两者相等时电机总的损耗最小。利用同步电机等效电路可以建立总体损耗的解析式，并以此为约束条件求取转矩的最大值，进而确定最高效率工作点。然而，因为电流解析式非常复杂，所以在实际应用中进行实时计算会消耗过多的资源。同时，由于电机参数，特别是等效的铁耗电阻和电机电感在运行过程中往往变化较大，因此离线计算最高效率工作点也难以实现。业内相对成熟的做法是有针对性地对电机进行标定，人工从电流平面上筛选出使系统效率最高的工作点，并制成表以在实际运行时使用。

2.2 实战案例

为充分发掘电机性能，实用的做法是对电机进行标定，将最优工作点以表的形式存储在软件中，实际运行时，通过查表获取 d 轴、q 轴的电流给定值，使电机工作在预期状态。

效果最好的标定方法是在不同情况下首先扫描整个电流平面（第二、第三象限），获得各个电流工作点下电机的转矩、输出电压、输出功率、效率等信息，然后通过某种最优准则从中选取工作点。要充分标定一台电机可能需要做大量工作。例如，需要考查在不同的母线电压下，全速度范围内电机的出力状况；还要考虑电机温度对电机性能的影响等，最终得到的将是一系列的表。

2.2.1 基于转速标定电机

测试： 首先根据电机电流和转速信息确定转速步长与电流步长，然后从起始转速到最高转速，在各点分别调整电流幅值和角度，待电流稳定后，记录输出转矩、输出电压、输出功率等信息。

制表： 首先，从同一个转速的数据中选出同一个电流幅值下输出转矩最大的工作点，得到表 2-1。其中，数据$(T_{\max}, i_d, i_q)_{kn}$表示转矩及其对应的电流工作点，下标$k$和$n$表示数据在表中的位置。

表 2-1　最大转矩工作点表

	w_0	w_1	w_2	...	w_{n-1}	w_n
I_0	$(T_{\max}, i_d, i_q)_{00}$	$(T_{\max}, i_d, i_q)_{01}$	$(T_{\max}, i_d, i_q)_{02}$	...	...	$(T_{\max}, i_d, i_q)_{0n}$
I_1	$(T_{\max}, i_d, i_q)_{10}$	$(T_{\max}, i_d, i_q)_{11}$	$(T_{\max}, i_d, i_q)_{12}$	...	...	$(T_{\max}, i_d, i_q)_{1n}$
$\vdots$	$\vdots$	$\vdots$	$\vdots$	$\vdots$	$\vdots$	$\vdots$
I_k	$(T_{\max}, i_d, i_q)_{k0}$	$(T_{\max}, i_d, i_q)_{k1}$	$(T_{\max}, i_d, i_q)_{k2}$	...	...	$(T_{\max}, i_d, i_q)_{kn}$

然后，转换表 2-1 的组织形式，以便通过转速和转矩查找数据。具体地，先根据实测转矩的范围确定转矩步长，再利用插值确定不同转速下每个转矩点对应的电流工作点，得到如表 2-2 所示的最终标定数据表。

表 2-2　最终标定数据表

	w_0	w_1	w_2	...	w_{n-1}	w_n
T_0	$(i_d, i_q)_{00}$	$(i_d, i_q)_{01}$	$(i_d, i_q)_{02}$	...	...	$(i_d, i_q)_{0n}$
T_1	$(i_d, i_q)_{10}$	$(i_d, i_q)_{11}$	$(i_d, i_q)_{12}$	...	...	$(i_d, i_q)_{1n}$
$\vdots$	$\vdots$	$\vdots$	$\vdots$	$\vdots$	$\vdots$	$\vdots$
T_k	$(i_d, i_q)_{k0}$	$(i_d, i_q)_{k1}$	$(i_d, i_q)_{k2}$	...	...	$(i_d, i_q)_{kn}$

高速段的数据需要进行一些特殊的处理。一方面，高速小电流对应的转矩可能是负值，类似转矩T_0可能无法在$(T_{\max}, i_d, i_q)_{0n}$处取得，要继续往下，直到转矩为正；另一方面，电机高速运行时，电机转矩输出能力减弱，一般来说，T_k是取不到的，其对应的电流工作点需要沿用此转速下其他较小转矩的数据。

查表：直接根据当前转速和请求转矩确定插值点，并通过线性插值获取电流给定值。

2.2.2　基于磁链标定电机

测试数据：在额定转速（或其他合理转速）下扫描电流极限圆第二、第三象限内的工作点，获得各个电流工作点对应的输出电压和电机输出转矩，如表 2-3 所示。其中，数据$(T, V)_{kn}$表示电机输出转矩和控制器输出电压，下标k和n分别表示表的行数与列数。

表 2-3　标定原始数据表

	i_{q0}	i_{q1}	i_{q2}	...	i_{qn}
i_{d0}	$(T, V)_{00}$	$(T, V)_{01}$	$(T, V)_{02}$	...	$(T, V)_{0n}$
i_{d1}	$(T, V)_{10}$	$(T, V)_{11}$	$(T, V)_{12}$	...	$(T, V)_{1n}$
$\vdots$	$\vdots$	$\vdots$	$\vdots$	$\vdots$	$\vdots$
i_{dk}	$(T, V)_{k0}$	$(T, V)_{k1}$	$(T, V)_{k2}$	...	$(T, V)_{kn}$

将表 2-3 中转矩相同的数据选出来，按照电压高低进行排列，得到表 2-4。其中，表头对应的电机输出转矩和控制器输出电压都不是网格化的数据，还需要进行进一步的处理。表 2-4 中的数据实质上就是电机恒转矩曲线上的电流工作点。

表 2-4　电压–转矩标定数据

	T_0	T_1	T_2	...	T_m
V_0	$(i_d, i_q)_{00}$	$(i_d, i_q)_{01}$	$(i_d, i_q)_{02}$	...	$(i_d, i_q)_{0m}$
V_1	$(i_d, i_q)_{10}$	$(i_d, i_q)_{11}$	$(i_d, i_q)_{12}$	...	$(i_d, i_q)_{1m}$
⋮	⋮	⋮	⋮	⋮	⋮
V_h	$(i_d, i_q)_{h0}$	$(i_d, i_q)_{h1}$	$(i_d, i_q)_{h2}$	...	$(i_d, i_q)_{hm}$

如图 2-9 所示，以产生转矩 T_y 为例，电压最低的工作点为恒转矩曲线 T_y 与电压椭圆 1 的相切点 a，此工作点位于 MTPV 曲线上。电压最高的工作点为恒转矩曲线 T_y 与纵轴的交点 c，电压椭圆 2 与点 c 对应。于是，转矩 T_y 对应的工作点由点 a 沿着恒转矩曲线 T_y 移动到点 b，再到点 c，对应电压为 $V_a \sim V_c$。

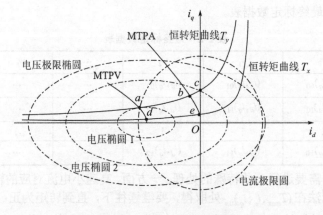

图 2-9　电流工作点示意图

在表 2-4 中，原始标定数据的点只能覆盖一部分区域，这是因为在特定的输出电压下，电机能产生的转矩是有限的。例如，在图 2-9 中，可以看到，电压较低时无法产生较大的转矩，而电压较高时无法产生较小的转矩。于是，在表 2-4 中，当电压较低时，所在行末尾部分只能沿用前面的数据；当电压较高时，所在行起始部分只能沿用后面的数据。

处理数据： 处理数据的目标是得到一个电压–转矩二维表，表中的数据为电流工作点，如表 2-5 所示。其中的转矩和电压是经过网格化处理的并且步长大小合适，方便存储及查找。

表 2-5　电压–转矩二维表

	T_0	T_1	T_2	...	T_{n-1}	T_n
V_0	$(i_d, i_q)_{00}$	$(i_d, i_q)_{01}$	$(i_d, i_q)_{02}$	...	...	$(i_d, i_q)_{0n}$
V_1	$(i_d, i_q)_{10}$	$(i_d, i_q)_{11}$	$(i_d, i_q)_{12}$	...	...	$(i_d, i_q)_{1n}$
⋮	⋮	⋮	⋮	⋮	⋮	⋮
V_k	$(i_d, i_q)_{k0}$	$(i_d, i_q)_{k1}$	$(i_d, i_q)_{k2}$	...	...	$(i_d, i_q)_{kn}$

表 2-5 确定了一系列的网点，这些网点可能被表 2-4 中的数据点包围，也有可能在其边缘。于是确定网点的电流工作点涉及不规则二维插值和外插，直接实现并不容易，可以使用 MATLAB 提供的 griddata() 函数来辅助处理。

查表：由表 2-5 可知，当转矩目标值已知时，有一系列的电压可以用来与之对应，现在的问题是选择哪个电压来产生这个转矩。因为低速时铜耗是主要的，高速小铁耗占比更大，所以可在额定转速以下以最高电压产生转矩，额定转速以上以最低电压产生转矩。仍然以产生转矩 T_y 为例，当转速低于额定转速时，选择点 c 为工作点；当转速高于额定转速时，选择点 a 为工作点。很明显，工作点从点 c 切换到点 a 还需要一个过渡过程。当转速超过额定转速并逐渐升高时，需要工作点离开点 c 并沿着恒转矩曲线逐步移动到点 a。构造转速的函数，计算电压用于查表，要求转速高于额定转速后计算电压开始下降，并且在转速升高到一定程度后，电压降至转矩对应的最低电压。举一个简单的例子：

$$V = \begin{cases} V_{max} & (f_x \leq f_{cali}) \\ V_{max} - \alpha(f_x - f_{cali}) & (f_x > f_{cali}) \end{cases} \tag{2-24}$$

式中，V_{max} 为转矩对应的最高电压；f_x 为电机运行频率；f_{cali} 为电机标定频率；α 为可调系数。根据需要动态调节可调系数 α，并对输出电压 V 做适当的限幅。

需要注意的是，虽然查表时使用电压，但是实际输出电压并不一定与查表电压一致。查表获取的是给定电流工作点，经过电流环控制，实际电流工作点一般会与给定电流工作点相同，而输出电压则取决于电流环的输出。

第 3 章

数字滤波算法及实践

数字滤波在电机控制应用中广泛使用，用来滤除信号波动、抑制干扰、平滑指令、提取指定信号等。本章从应用的角度介绍几种常用的数字滤波器，分析滤波器的幅频响应和相频响应，对滤波器在频域的特点做简单的展示；着重讨论滤波器的实现结构、离散化及代码编写，给出推导过程和示例代码；结合代码给出滤波器部分指标的工程计算方法，将实践与理论联系到一起。

滤波的本质是减小噪声。一个信号通常由有用的原始信号与噪声叠加而成，它们混在一起。放大有用信号，噪声也被放大；减小噪声，有用信号也跟着减小，一般没有通用的方法来改善信噪比。但是如果有两个信号，里面包含了相同的原始信号，把它们叠加在一起：原始信号是相干叠加，叠加后幅度变成原始信号的 2 倍、功率变成原始信号的 4 倍；噪声是非相干叠加，许多地方会相互抵消，功率只变成原始信号的 2 倍。这样，信噪比就变为原来的 2 倍，达到了滤波效果。

除典型的滤波器外，本章还介绍了数字滤波器的一些共性问题，如频响周期性、混叠等。这些问题主要是由采样和数据精度导致的，模拟滤波器没有类似的情况。

关于滤波，有以下几个基本概念。

（1）模拟频率：每秒多少个周期，单位为 Hz，以 f 表示。

（2）模拟角频率：每秒多少弧度，单位为 rad/s，以 w 表示，并且 $w=2\pi f$。

（3）数字角频率：两个采样点之间有多少弧度，以 ω 表示，满足 $\omega=2\pi f/f_s$，这是用采样频率 f_s 将模拟角频率归一化之后的结果。

（4）线性相位：相频响应 $\phi(\omega)$ 为数字角频率 ω 的线性函数，在数学上表示为 $\phi(\omega)=a\omega+b$，其中 a 和 b 为常数；通俗解释是信号经过滤波器后，各个频率分量的延时时间都是一样的。

（5）截止频率：以 f_c 表示。

3.1　常用 IIR 滤波器

N 阶 IIR 滤波器差分方程为

$$y(n)=\sum_{k=0}^{N-1}a_k x(n-k)+\sum_{k=0}^{N-1}b_k y(n-k) \tag{3-1}$$

式中，x 和 y 分别为滤波器的输入与输出；a_k 和 b_k 为滤波器系数，$k=0,1,2,\cdots,N-1$。IIR 滤波器结构上存在反馈支路，属于递推型滤波器。滤波器的输出不仅和输入有关，还和过去的输出有关。在某一时刻，输入施加到滤波器中，若没有分辨率的限制，则输出永远不会下降到零，这就是所谓的无限冲激响应。递推型滤波器实现起来占用内存更少，运算也比较少，因此在资源紧张的电机控制领域应用十分广泛。

3.1.1　模拟原型

设计 IIR 滤波器时有多种模拟原型可以选择，不同模拟原型在细节上有所不同。例如，常见的巴特沃斯原型通带较为平坦，但过渡带下降缓慢；切比雪夫原型通带平坦，过渡带下降迅速，但阻带衰减有纹波。设计者根据需要选择模拟原型，一般情况下都希望滤波器通带增益平坦，过渡带下降迅速，同时在阻带能提供足够的衰减。虽然切比雪夫原型阻带衰减有纹波，但是只要最小衰减符合指标，整体上能充分抑制噪声，就不用担心纹波问题。

使用切比雪夫原型可以降低滤波器的阶次，或者在保持滤波器阶次不变的情况下获得更合理的参数。以某高阶滤波器的设计为例，设计参数为采样频率 $f_s=160\text{kHz}$、通带频率 $f_{\text{pass}}=2\text{kHz}$、阻带频率 $f_{\text{stop}}=16\text{kHz}$、阻带衰减 $A_{\text{stop}}=60\text{dB}$，采用巴特沃斯原型得到滤波器传递函数：

$$h_1(z)=0.0032\times\frac{1+2z^{-1}+z^{-2}}{1-1.9028z^{-1}+0.9156z^{-2}},\quad h_2(z)=0.003\times\frac{1+2z^{-1}+z^{-2}}{1-1.7956z^{-1}+0.8077z^{-2}} \tag{3-2}$$

式（3-2）所示的滤波器阶次为 4，由两个 2 阶滤波器串联构成，增益参数数值较小，分别为 $G_0=0.0032$、$G_1=0.003$。保持设计指标不变，采用切比雪夫 II 型原型，得到滤波器传递函数：

$$h_1(z)=0.0202\times\frac{1-1.5064z^{-1}+z^{-2}}{1-1.8933z^{-1}+0.9033z^{-2}},\quad h_2(z)=0.0493\times\frac{1+z^{-1}}{1-0.9013z^{-1}} \tag{3-3}$$

式（3-3）所示为一个 3 阶滤波器，由一个 2 阶滤波器和一个 1 阶滤波器串联构成。子滤波器的增益参数较大，分别为 $G_0=0.0202$、$G_1=0.0493$，其在数值上比巴特沃斯原型滤波器大一个数量级。

滤波器阶次低，实现起来消耗内存资源更少，并且带来的相位滞后更小，参数值大不易受到量化误差的影响。很明显，在这方面，切比雪夫 II 型模拟原型更有优势。

图 3-1 所示为两种滤波器的幅频响应，可以看到，它们在通带和过渡带上的响应基本上是一致的，但是在阻带上，巴特沃斯原型滤波器的衰减倍数持续下降；而切比雪夫 II 型原型滤波器的衰减则是波动的，未持续下降。巴特沃斯原型滤波器能维持至少 60dB 的衰减，在满足设计指标的基础上还提供了冗余的性能。

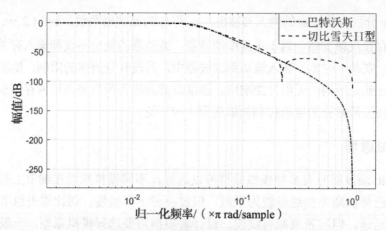

图 3-1 两种滤波器的幅频响应①

图 3-2 所示为两种滤波器的相频响应,在截止频率处,它们的相位滞后都超过了 130°,但在整个通带范围内,切比雪夫 II 型原型滤波器的相位滞后比巴特沃斯原型滤波器的相位滞后小。

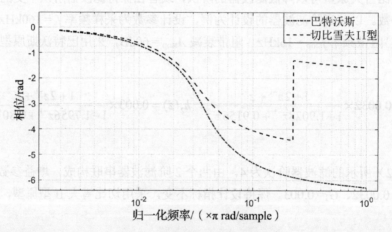

图 3-2 两种滤波器的相频响应

MATLAB 代码如下:

```
% 幅频响应对比
a=[9.584,38.337,57.506,38.337,9.584];
a=a/1000000;
b=[1,-3.698444,5.139971,-3.180835,0.739462];
[h,w] = freqz(a,b);
semilogx(w/pi,20*log10(abs(h)),'k-.','LineWidth',1);

c=[0.001,-0.000508,-0.000508,0.001];
d = [1,-2.794596,2.609760,-0.814173];
[h,w] = freqz(c,d);
hold on;
```

---

① 图中的 rad/sample 代表弧度/样本。

```
semilogx(w/pi,20*log10(abs(h)),'k--','LineWidth',1);
grid on
title('Magnitude Response(dB)','FontWeight','Normal')
xlabel('Normalized Frequency (\times\pi rad/sample)')
ylabel('Magnitude (dB)')
legend('Butterworth','Chebyshev II')

%    相频响应对比
     a=[9.584,38.337,57.506,38.337,9.584];
     a=a/1000000;
     b=[1,-3.698444,5.139971,-3.180835,0.739462];
     [h,w] = freqz(b,a);
     semilogx(w/pi,-unwrap(angle(h)),'k-.','LineWidth',1);
     grid on

     hold on
c=[0.001,-0.000508,-0.000508,0.001];
d = [1,-2.794596,2.609760,-0.814173];
[h,w] = freqz(c,d);
semilogx(w/pi,unwrap(angle(h)),'k--','LineWidth',1);

title('Phase Response(dB)','FontWeight','Normal')
xlabel('Normalized Frequency (\times\pi rad/sample)')
ylabel('Phase (rad)')
legend('Butterworth','Chebyshev II')
```

图 3-3 所示为两种滤波器的阶跃响应，很明显，切比雪夫 II 型原型滤波器的上升时间和调整时间更短，这正是相位滞后小带来的好处。

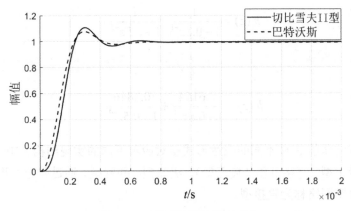

图 3-3　两种滤波器的阶跃响应

阶跃响应分析和绘图相关 MATLAB 代码如下：

```
     a=[9.584,38.337,57.506,38.337,9.584];
     a=a/1000000;
```

```
        b=[1,-3.698444,5.139971,-3.180835,0.739462];
        sys = tf(a,b,1/160000);

        c=[0.001,-0.000508,-0.000508,0.001];
        d = [1,-2.794596,2.609760,-0.814173];
        sys1 = tf(c,d,1/160000);

        close all;
hold on
grid minor;
[y,t] = step(sys ,0.0014);
plot(t,y,'k-','LineWidth',1)
[y,t] = step(sys1 ,0.0014);
plot(t,y,'k--','LineWidth',1)
legend('Chebyshev II','Butterworth')
xlabel('time (s)')
ylabel('Amplitude')
title('Step Response','FontWeight','Normal')
```

3.1.2　实现结构

滤波器传递函数可以有多种不同的表达形式，每种都对应着不同的算法，也对应着不同的实现结构。例如：

$$h_1(z) = \frac{1}{1 - 0.3z^{-1} - 0.4z^{-2}} \tag{3-4}$$

可以分解为

$$h_1(z) = \frac{1}{1 - 0.8z^{-1}} \cdot \frac{1}{1 + 0.5z^{-1}} \tag{3-5}$$

或

$$h_1(z) = \frac{0.6154}{1 - 0.8z^{-1}} + \frac{0.3846}{1 + 0.5z^{-1}} \tag{3-6}$$

上述同一滤波器的 3 种不同的表达形式就对应着不同的实现结构。IIR 滤波器常见的结构形式有直接 I 型、直接 II 型（典范型）、级联型、并联型。通过差分方程能够画出的包含反馈结构的数字网络称为直接型。

例如，某 N 阶差分方程：

$$h(z) = \sum_{k=1}^{N} a_k y(n-k) + \sum_{k=1}^{N} b_k x(n-k) \tag{3-7}$$

其网络结构可由差分方程直观地画出，如图 3-4 所示。

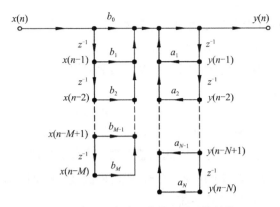

图 3-4　IIR 滤波器直接 I 型网络结构

图 3-4 所示的滤波器可以看作两个系统的串联，因为它们是线性系统，所以交换两个系统的顺序不影响输出结果，即传递函数可以写为

$$h(z) = B(z)\frac{1}{A(z)} = \frac{1}{A(z)}B(z) \tag{3-8}$$

交换顺序后滤波器的网络结构（IIR 滤波器直接 II 型网络结构）如图 3-5 所示，可以看到，延迟模块的输入和输出不再是输入信号或输出信号，取而代之的是一个中间变量。同时，由于两个子系统的延迟模块的输入相同，因此它们可以合并处理，如图 3-6 所示。

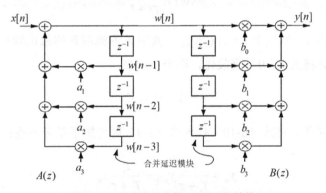

图 3-5　IIR 滤波器直接 II 型网络结构

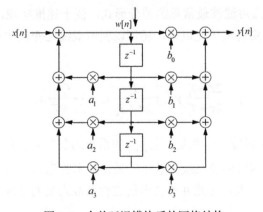

图 3-6　合并延迟模块后的网络结构

直接 II 型网络结构减少了延迟模块，对具体实现而言，这意味着可以减少存储单元的使用，并且减少延迟缓冲区的更新工作，有一定的积极意义。从运行速度上来说，计算中间变量打断了直接 I 型网络结构那样的两个表连续乘加的流程，同时增加了一次乘加运算，实际计算速度可能会慢一些。

直接型网络结构简单，使用的延迟器较少（N 和 M 中的较大者）。当使用 DSP 实现滤波器时，通过优化汇编可以获得其他网络结构无法达到的运行速度，但是直接型系数 a_k、b_k 对滤波器性能的控制关系不直接，因此调整参数不方便。具体在实现滤波器时，a_k、b_k 的量化误差可能使滤波器的频率响应产生一定程度的改变，甚至影响系统的稳定性。因此，直接型网络结构一般用于实现低阶系统。

串联型和并联型网络结构多用于高阶滤波器，将高阶滤波器拆分成多个子滤波器串联或并联的形式，每个子滤波器仍然采用直接型网络结构。这样处理的好处在于可以分别调整子滤波器的参数，并且不易受到参数量化误差的影响。

3.1.3　一阶低通滤波器

3.1.3.1　公式推导

一阶低通滤波器的传递函数为

$$M(s) = \frac{1}{\tau s + 1} \tag{3-9}$$

式中，τ 为时间常数，数值上 $\tau = 1/(2\pi f_c)$，其中 f_c 为滤波器的截止频率。

利用后向差分将式（3-9）离散化，即令

$$s = (1 - z^{-1}) / T_s \tag{3-10}$$

式中，T_s 为采样周期。将式（3-10）代入式（3-9）可得如下差分方程：

$$y_n = \frac{\tau}{T_s + \tau} y_{n-1} + \frac{T_s}{T_s + \tau} x_n \tag{3-11}$$

式（3-11）为一阶滞后滤波最常见的差分形式，便于递推实现，是非常典型的 IIR 滤波器。除利用后向差分实现离散化以外，还可以使用双线性变换实现离散化，这里直接给出差分方程：

$$y_n = \frac{2\tau - T_s}{2\tau + T_s} y_{n-1} + \frac{T_s}{2\tau + T_s} x_n + \frac{T_s}{2\tau + T_s} x_{n-1} \tag{3-12}$$

看起来，式（3-12）可能会不稳定，当 y_{n-1} 的系数为负数并且输入为零时，滤波输出将会出现振荡。实际上，这里涉及系统离散化时采样频率的选择问题，实际应用中总是要求采样周期远小于其时间常数，因此并不会出现这种系数为负的情况。

将连续传递函数离散化的方法有很多种，一种常见的一阶滞后滤波器的 z 域传递函数形式为

$$M = \frac{z(1-\mathrm{e}^{-wT_s})}{z-\mathrm{e}^{-wT_s}} \tag{3-13}$$

式（3-13）同样是一阶滞后滤波器的 s 域传递函数在 z 域的近似（这里保证离散化得到的数字滤波器与模拟原型具有相同的阶跃响应），但是采用的方式并不是前向差分或后向差分，或者双线性变换法。此时，差分方程为

$$y_k = \mathrm{e}^{-wT_s}y_{k-1} + (1-\mathrm{e}^{-wT_s})x_k \tag{3-14}$$

式（3-11）和式（3-14）具有相同的形式，即

$$y_k = (1-a)y_{k-1} + ax_k \tag{3-15}$$

式中，a 为滤波器系数，$0<a<1$。a 越大，滤波器的输出越依赖输入，滤波器作用越小；反之则越依赖滤波器上一次的输出，滤波器作用越大。

3.1.3.2 定点编码实现

式（3-15）常见的 C 代码实现如下：

```
y = ((long)y<<16) + ((long)x<<12) - ((long)y<<12) >>16;      // a = 1/16
```

其中，x 为输入变量，y 为输出变量。将变量左移 16 位本质上是在利用 Q16 格式数据处理滤波器系数，即常系数 a = 1/16 = (1<<12)>>16。因为变量 x 和 y 都是 16 位的数据，所以左移为 32 位数据不用考虑数据溢出的问题。这种实现方式的缺点是滤波器稳态输出存在静差，如给定 x=200，最终稳态输出 y = 185。

保持实现方式不变，增加四舍五入算法，当输入 x=200 时，最终稳态输出 y = 193。此时，稳态误差有所减小，但仍然存在，代码如下：

```
y = ((long)y<<16) + ((long)x<<12) - ((long)y<<12) +32768 >>16;
```

稍加分析可以发现，上述代码中精度的损失主要来源于表达式的右移运算，右移 16 位时表达式低 16 位的信息被丢弃，因此可以添加一个缓存变量来累积丢弃部分，代码如下：

```
temp_32 = temp_32 + ((long)x<<12) - (temp_32 >>4);
result = temp_32 + 32768 >> 16;
```

上述代码增加了一个中间变量 temp_32，计算结果的低 16 位得到累积，从而跟踪精度大大提高。当给定 x=100 时，result 可到 99；当 x=200 时，result 可上升至 199。如果在增加中间变量的基础上引入四舍五入算法，那么基本上可以完全跟踪，从而解决稳态误差问题。

编写代码时选择正确的数据类型很重要，如果输入变量是有符号整型，那么中间变量应该是有符号长型，否则，当输入为负值时，程序结果将出现错误。

```
Long  temp_32; int x,result;
temp_32 = temp_32 + ((long)x<<12) - (temp_32 >>4);
result = temp_32 + 32768 >> 16;
```

当输入变量为无符号数时，中间变量应该定义为无符号长型，否则，当输入变量大于 32767 时，程序结果将出现错误。

```
unsigned Long  temp_32;unsigned int x,result;
temp_32 = temp_32 + ((unsigned long)x<<12) - (temp_32 >>4);
result = temp_32 + 32768 >> 16;
```

代码实现形式也很重要，中间变量累加不能写成 temp_32 +=的紧凑形式，否则滤波器可能出错。这是因为((unsigned long)x<<12) - (temp_32 >>4)的结果可能为负，这将被当成一个很大的正数来处理。((unsigned long)x<<12) - (temp_32 >>4)也不要写成(((unsigned long)x<<16 - temp_32) >> 4)的形式，因为减法可能溢出。

下面看一下滤波参数的边界情况：

```
unsigned Long  temp_32;
unsigned  int  x, result;
temp_32 = temp_32 + ((unsigned long)x << g) - (temp_32 >> h);
result = (temp_32 + (1 << k-1)) >> k;
```

上述代码中的 g、h、k 均为常数，并且 g + h = k。如果取 g = 0，那么 h = k，此时得到滤波深度最大的系数为 1 / 2^k。相应地，如果取 h = 0，那么滤波器系数 a =1，此时信号直接通过，滤波器没有滤波作用。

3.1.3.3 指标计算

给定 x = 100，分别测试常见滤波器系数下滤波器的稳态输出及上升时间，结果如表 3-1 所示，随着带宽的减小，滤波器阶跃响应的上升时间成倍增加，以 2ms 一次计，最长能达到 5s 之久。同时注意到，改进实现方式在滤波器系数取 a = 1/512 时，仍然能无误差地跟踪给定。

表 3-1   常见滤波器系数下滤波器的稳态输出及上升时间

滤波器系数	1/16	1/32	1/64	1/128	1/256	1/512
跟踪误差	无	无	无	无	无	无
递推次数	83	167	337	676	1353	2707
上升时间/s	0.166	0.334	0.674	1.352	2.706	5.414

当采样频率为 500Hz 时，各滤波器系数下滤波器的截止频率如表 3-2 所示。

表 3-2   各滤波器系数下滤波器的截止频率

滤波器系数	1/16	1/32	1/64	1/128	1/256	1/512
截止频率/Hz	5.3052	2.5670	1.2631	0.6266	0.3121	0.1557

当采样频率为 500Hz 时，由不同截止频率得到的滤波器系数如表 3-3 所示。

表 3-3　由不同截止频率得到的滤波器系数

截止频率/Hz	200	100	50	25	5	2
滤波器系数	0.7154	0.5569	0.3859	0.2391	0.0591	0.0245

　　一阶滞后滤波器的截止频率大致和 a 相等。若采样频率为 500Hz，则 $a = 1/16$ 对应的模拟截止频率为 $(1/16)\times(500/2/3.14)\text{Hz} \approx 4.97\text{Hz}$，和表 3-2、表 3-3 给出的数据大致相同，说明这个工程估计方法是正确的。在实际应用中，调整滤波器系数，直接考查输出信号是否光滑就可以了，不必精确计算当前滤波器的截止频率或阶跃响应上升时间。然而，作为一名工程师，做到知其然、知其所以然还是有必要的。

3.1.4　二阶低通滤波器

　　典型的双极点二阶低通滤波器的 s 域传递函数为

$$M(s) = \frac{w_n^2}{s^2 + 2\xi w_n s + w_n^2} \tag{3-16}$$

式中，ξ 为系统的阻尼比；w_n 为自然角频率。对于二阶滤波器，调试参数需要兼顾响应速度和超调，实践中一般取阻尼比 $\xi = 1/\sqrt{2}$，此时滤波器响应快，并且幅频响应无凸峰，阶跃响应超调在 5%左右。图 3-7 所示为自然角频率不变而阻尼比分别为 $1/\sqrt{2}$ 和 1 时二阶滤波器的阶跃响应。可以发现，当 $\xi = 1/\sqrt{2}$ 时，滤波输出上升时间明显更短而且超调并不大。故在没有其他要求的情况下，二阶滤波器的阻尼比取 $1/\sqrt{2}$ 是不二之选。

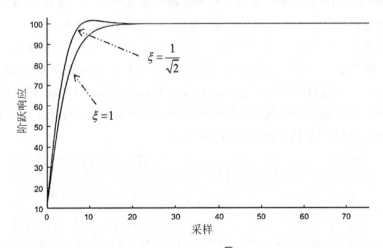

图 3-7　自然角频率不变而阻尼比分别为 $1/\sqrt{2}$ 和 1 时二阶滤波器的阶跃响应

　　阻尼比确定之后，二阶滤波器就只有自然角频率一个参数需要确定，这样调试起来就方便得多了。自然角频率是一个频域参数，不能直观地反映滤波器的性能，一般通过修改调整时间来间接地调整自然角频率。二阶系统的调整时间为输出收敛到终值的 95%或 98%的时间，直接反映了滤波器的响应速度。

3.1.5　陷波器

陷波器是带阻滤波器的特例，用来抑制和衰减某一小段频率的信号分量，而让其他频段的所有信号分量通过。陷波器的传递函数为

$$M(s) = \frac{s^2 + w_n^2}{s^2 + 2\xi w_n s + w_n^2} \tag{3-17}$$

式中，ξ 为阻尼比；w_n 为自然角频率。当输入信号频率等于 w_n 时，陷波器的增益为零，信号彻底衰减；当输入信号频率远离 w_n 时，陷波器的增益为 1，信号直接通过；当输入信号频率介于两者之间时，信号有一定程度的衰减。

对大多数系统来说，虽然两极点陷波器所能提供的衰减有限，但还是能够好地衰减中心频率处的信号。当需要在较宽范围内对多个间断频率的信号进行强衰减时，可将多个陷波器级联起来。陷波器的带宽 B 指的是其衰减的频带宽度，当阻尼比为 0 时，陷波器的增益恒为 1，带宽 $B=0$，即阻尼比越小，带宽越小。但是在 s 域，由阻尼比计算带宽要求解 4 次方程，工作量较大，故陷波器的设计和参数估算一般在 z 域进行。z 域内陷波器的传递函数为

$$H(z) = \frac{(z - e^{jw_0})(z - e^{-jw_0})}{(z - ae^{jw_0})(z - ae^{-jw_0})} \tag{3-18}$$

式中，w_0 为陷波器的中心频率；系数 a 与陷波器的带宽相关，满足 $0 \leqslant a < 1$，a 越小，陷波器的带宽 B 越大，工程上使用公式 $B = 2(1 - a)$ 来近似计算带宽。

例如，现在有一个 50Hz 的信号混入了 5 次谐波，需要使用陷波器来将其滤除。为展现陷波器的滤除效果，令基波幅值为 10、谐波幅值为 100、谐波频率为 250Hz、采样频率为 1250Hz，从而，陷波器的中心频率为 2×3.14×250Hz/1250Hz＝1.256。陷波器的带宽取小一点，$a = 0.95$。将上面两个参数代入传递函数得到陷波器参数：分子[1 −0.618 1]，分母[1 −0.5872 0.903]。MATLAB 仿真结果如图 3-8 所示。

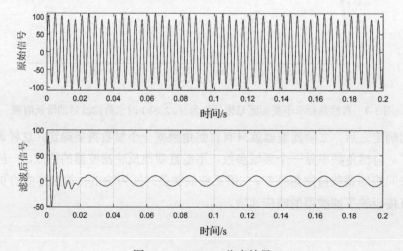

图 3-8　MATLAB 仿真结果

图 3-8 中的下半部分为滤波后信号，上半部分为原始信号。大约经过 0.05s，幅值 10 倍于基波信号的谐波即被完全滤除。因为陷波器在中心频率处的增益为零，其提供的衰减可以认为是无穷大，所以可以强有力地消除中心频率处的谐波分量。陷波器的缺点在于其作用频率范围很窄，对偏离中心频率的信号几乎没有作用。实际噪声信号很少会集中在一个频率点附近，因此陷波器主要在一些特殊场合使用，如处理谐振等。

3.1.6　高阶低通滤波器

高阶低通滤波器可以使过渡带迅速下降，并且在阻带上实现更大的衰减，当这两方面的性能要求比较高或比较极端时，一般必须使用高阶低通滤波器。

设计一个数字滤波器，指标要求为 $f_s = 160\text{kHz}$、$f_{\text{pass}} = 35\text{kHz}$、$f_{\text{stop}} = 55\text{kHz}$、$A_{\text{stop}} = 60\text{dB}$，完成后得滤波器的幅频响应，如图 3-9 所示。此滤波器的过渡带非常狭窄，仅占采样频率范围的 6.25%，同时阻带衰减倍数较高，最终阶次达到了 6 阶。

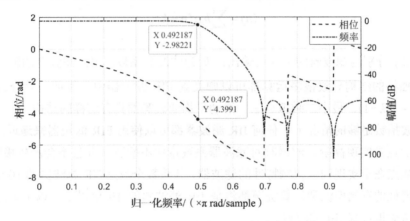

图 3-9　6 阶滤波器的幅频响应

高阶低通滤波器的相位滞后比较大，在截止频率附近，其相位滞后达到 250° 左右，低阶滤波器一般不会造成如此大的滞后。如果继续缩小过渡带，那么滤波器的阶次会大幅度提升，过渡带指标对滤波器阶次的影响比阻带衰减指标对滤波器阶次的影响大。

在控制领域，高阶低通滤波器的使用并不多见。一方面，高阶低通滤波器的响应速度慢，难以对实时信号进行快速响应；另一方面，很多工程师对高阶低通滤波器缺乏认识，即便是需要使用高阶低通滤波器的场合，也常常使用多个一阶滞后滤波器级联来解决问题。

滤波器幅频响应分析 MATLAB 代码如下：

```
a= [1.00  0.1623   0.8796   0.14079  0.163   0.01797 0.0037];
b=[0.054567 0.250084 0.5377 0.68264  0.5377  0.250084 0.054567];
[h,w] = freqz(b,a);


colororder({'k','k'})
yyaxis left
plot(w/pi,unwrap(angle(h)),'k--','LineWidth',1);
ylabel('phase(rad)','Color','k');
```

```
yyaxis right
plot(w/pi,20*log10(abs(h)),'k-.','LineWidth',1);
ylabel('Magnitude (dB)','Color','k');
title('Phase and Magnitude Response(dB)','FontWeight','Normal')
xlabel('Normalized Frequency (\times\pi rad/sample)')
legend('phase','Magnitude')
grid on;
```

3.2 常用 FIR 滤波器

N 拍 FIR 滤波器的差分方程为

$$y(n) = \sum_{k=0}^{N-1} h_k x(n-k) \qquad (3\text{-}19)$$

式中，x 和 y 分别为滤波器的输入与输出；h_k 为滤波器系数。FIR 滤波器的输出只和输入有关，其独特的结构导致很多运算都可以归类到 FIR 滤波器中。例如，差分运算求速度 $v(k) = x(k) - x(k-1)$、最小二乘拟合法、滑动平均滤波等都具有这样的结构。

在滤波拍数足够的情况下，任何 IIR 滤波器都可以使用 FIR 滤波器来逼近。FIR 滤波器的主要优点是实现高阶滤波器时对滤波器系数量化不敏感，并且不会产生极限环。FIR 滤波器的缺点在于实现同样幅频特性的滤波器，其系数个数是 IIR 滤波器的 10 倍以上，这意味着其消耗的存储资源和计算资源都将是 IIR 滤波器的 10 倍以上。以上事实往往使工程师不加考虑地选择 IIR 滤波器。

FIR 滤波器具有线性相位的特点，即信号通过滤波器后，各频率分量的延迟时间是一致的，这一特点意味着 FIR 滤波器造成的延迟可以比较方便地得到补偿。例如，在旋变解算算法中需要旋变信号，滤波后估计角度，滤波会造成估计角度滞后于实际角度，此时，若使用 FIR 滤波器，则能够通过解算出来的角频率（输入信号频率）对角度进行补偿。

3.2.1 低通滤波

设计一个参数指标与 IIR 低通滤波器一致的 FIR 滤波器，对两个滤波器的特性进行对比。IIR 滤波器选择最为常见的一阶低通滤波器，如式（3-15）所示，取 $a = 1/16$。此时，IIR 滤波器通带数字角频率约为 0.01，通带衰减约为 1dB；阻带标幺频率约为 0.216，阻带衰减约为 20dB。当采样频率为 500Hz 时，滤波器的通带频率为 0.01038×500Hz/2≈2.6Hz，阻带频率为 0.216×500Hz/2=54Hz。据以上参数指标进行设计，得到一个 8 阶 FIR 滤波器，系数分别为 h=[0.0985 0.0823 0.1038 0.1186 0.1237 0.1186 0.1038 0.0823 0.0985]。

绘制两个滤波器的幅频响应，如图 3-10 所示。可以看到，两个滤波器的幅频响应除通带频率、阻带频率、通带衰减、阻带衰减相同以外，其他地方都大相径庭。首先，FIR 滤波器的通带比 IIR 滤波器的通带宽数倍，并且其带宽更大。FIR 滤波器的过渡带下降迅速但阻带存在纹波，阻带最小衰减甚至不足 20dB。IIR 滤波器的过渡带下降相对较慢但阻带平滑，阻带衰减稳定在 20dB 之上。至于阻带的最大衰减，IIR 滤波器仅在奈奎斯特频率附近有 30dB，而 FIR 滤波器则可达 60dB。

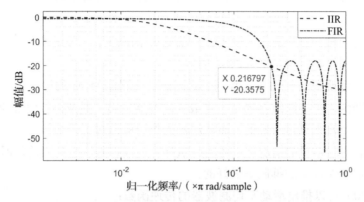

图 3-10　FIR 滤波器与 IIR 滤波器的幅频响应对比

　　两种滤波器的相频响应如图 3-11 所示，可以看到，在标幺频率 0.1 之前，IIR 滤波器的相位滞后大于 FIR 滤波器的相位滞后，而在这之后，IIR 滤波器的相位滞后远小于 FIR 滤波器的相位滞后。需要注意的是，这里 IIR 滤波器的相位滞后在高频段小于 FIR 滤波器的相位滞后是没有意义的。因为 IIR 滤波器的截止频率仅在 0.02 左右，在截止频率以上，特别是阻带内的信号不能通过滤波，故讨论这些信号的滞后毫无意义。FIR 滤波器在通带及过渡带内的相位滞后更小，说明信号能更快地通过 FIR 滤波器。

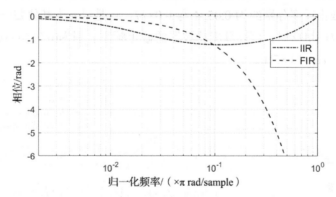

图 3-11　FIR 滤波器与 IIR 滤波器的相频响应对比

　　众所周知，模拟一阶滞后滤波器的相频响应是单调下降的，最大相位滞后为 90°。图 3-11 所示为 IIR 滤波器的相频响应先下降后上升的情形，在奈奎斯特频率附近，相位滞后为 0。同样的一阶滞后滤波器，连续传递函数和离散传递函数的相频响应存在差别，这是由采样引起的。总而言之，滤波器离散化其实是一种近似处理，仅在一定的频率范围内能保证离散化的数字滤波器和原来的模拟滤波器具有相同的特性。

3.2.2　滑动平均滤波器

　　滑动平均滤波器是一个所有系数都相等的 FIR 滤波器，其差分方程为

$$y(n) = \sum_{k=0}^{N-1} \frac{1}{N} x(n-k) = \frac{1}{N} x(n) (\sum_{k=0}^{N-1} z^{-k}) \tag{3-20}$$

滑动平均滤波器在频域上可以看作一个低通滤波器。直观地看，滑动平均滤波器就是对前面的 N 个采样点进行平均。如果输入信号中有一些突变的点，那么经过平均之后，信号就会变得平滑一些，那些变化比较大的抖动就被平滑掉了，用频域术语来说，就是信号的高频分量被抑制了，这就是低通滤波的作用。

数学上可以证明滑动平均滤波器是在滤波器长度固定为 N 的情况下对白噪声抑制最好的滤波器，即滑动平均滤波器也是一类最优滤波器。由于要减小的信号噪声是随机的，输入信号没有一个输入点是特殊的，而滤波器的作用就是对不同的输入点进行加权，因此很显然，在没有先验信息的情况下，对所有点都一视同仁是比较恰当的，即在滤波器的系数都相等的情况下对噪声的抑制是最好的。

由式（3-20）可以推出滑动平均滤波器的传递函数：

$$M(z) = \frac{1}{N} (\sum_{k=0}^{N-1} z^{-k}) = \frac{1}{N} \frac{1}{z^{N-1}} \sum_{k=0}^{N-1} z^{k} \tag{3-21}$$

分别取 $N = 16$ 和 $N = 32$，绘制滑动平均滤波器的幅频响应曲线，如图 3-12 所示。可以看到，滑动平均滤波器的幅频响应非常有特点。首先，曲线阻带纹波非常明显，N 越大，波动越密集。其次，滑动平均滤波器能提供的阻带衰减和 N 没有关系，N 取 16 和 32 时，阻带衰减均为-13.15dB，这将很难满足大多数频域滤波应用场合的要求。最后，求得 $N = 16$ 和 $N = 32$ 时的截止频率分别约为 0.0554 与 0.0277，这是以 π 为基值归一化后的数字角频率。当采样频率为 1kHz 时，可以算出滤波器的截止频率分别为(0.0554×1000/2)Hz=27.7Hz 和(0.0277×1000/2)Hz=13.85Hz。

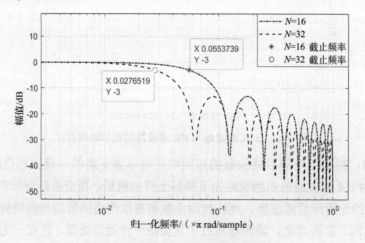

图 3-12 滑动平均滤波器的幅频响应

注意到 N 取 16 和 32 时，滤波点数成 2 倍关系，对应的截止频率也成 2 倍关系，这并不是巧合，而是滑动平均滤波器的截止频率本就是 N 的函数，即

$$f_c = 0.443 / N \times f_s \qquad (3\text{-}22)$$

取 $N = 16$，采样频率为 1000Hz，可得截止频率为 0.443/16×1000≈27.68，单位为 Hz，可见公式正确。

从幅频响应来看，滑动平均滤波器的幅频响应的过渡带下降缓慢，阻带响应波动大且衰减倍数不足，不适合对频域信号进行处理。而从时域来看，滑动平均滤波器的阶跃响应无超调，响应时间为其自身长度，性能十分优越。因此，滑动平均滤波器适合处理信息在时域表示的信号，而不适合处理信息在频域表示的信号。

滑动平均滤波器的相频响应如图 3-13 所示，在截止频率处，$N = 32$ 时的相位滞后为 -1.35366rad，对应角度在-77°左右；$N = 16$ 时的相位滞后为-0.78437rad，对应角度在-45°左右。FIR 滤波器是线性相位滤波器，其相频响应在笛卡儿坐标系中为一条斜率为负的直线，在半对数坐标系中是如图 3-13 所示的平滑曲线。

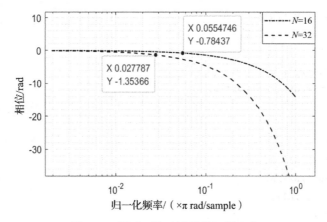

图 3-13　滑动平均滤波器的相频响应

这里给出相对简洁高效的滑动平均滤波器的 C 语言代码：

```c
#define  Length   (16)
int16 array[Length ];
float moving_average(int16 xn)
{
    static int32 sum = 0, cnt = 0;
    sum -= array[cnt];
    array[cnt++] = xn;
    sum +=xn;
    if(cnt >=Length )
    {
        cnt =0;
    }
    return (float) sum / Length ;
}
```

函数 moving_average()中数组下标 cnt 默认指向最旧的数据，从而一开始就将其指向的元素从求和中减掉，加上最新的输入值，并将这个输入值存储到 cnt 所指的位置。需要说明的是，函数最开始几次执行时，cnt 指向的都是初始值而不是过时的数据，并且输入数据不足 16 个，从而函数返回的也不是平均值。然而，此方法在实际中并不会产生错误，且极大地方便了程序的编写，故非常值得采用。

滑动平均滤波器的幅频响应分析 MATLAB 代码如下：

```
        Ts = 1/1000;
        N1 = 16;
        h1 = ones(1,N1)/N1;
        g1 = zeros(1,N1);
        g1(1,1)=1;
        sys = tf(h1,g1,Ts);
        bd1 = bandwidth(sys)/pi*Ts;

        N1 = 32;
        h1 = ones(1,N1)/N1;
        g1 = zeros(1,N1);
        g1(1,1)=1;
        sys = tf(h1,g1,Ts);
        bd2 = bandwidth(sys)/pi*Ts;

        N1 = 16;
        N2 = 32;
        h1 = ones(1,N1)/N1;
        h2 = ones(1,N2)/N2;
        g1 = zeros(1,N1);
        g1(1,1)=1;
g2 = zeros(1,N2);
g2(1,1)=1;
[H1,w] = freqz(h1,g1);
[H2,w] = freqz(h2,g2);
m1 = 20*log10(abs(H1));
m2 = 20*log10(abs(H2));

close all;
semilogx(w/pi,m1,'k-.','LineWidth',1);
hold on
semilogx(w/pi,m2,'k--','LineWidth',1);
axis([0.002 1, -70 2]);
grid minor;
title('Magnitude Response(dB)','FontWeight','Normal')
ylabel('Magnitude (dB)');
xlabel('Normalized Frequency (\times\pi rad/sample)');

plot(bd1,-3,'k*');
plot(bd2,-3,'ko');
legend('N=16','N=32','N=16 截止频率','N=32 截止频率'
```

滑动平均滤波器的相频响应分析 MATLAB 代码如下：

```
    N1 = 10;
    N2 = 32;
    h1 = ones(1,N1)/N1;
    h2 = ones(1,N2)/N2;
    g1 = zeros(1,N1);
    g1(1,1)=1;
    g2 = zeros(1,N2);
    g2(1,1)=1;
    [H1,w] = freqz(h1,g1);
    [H2,w] = freqz(h2,g2);
    ph1 = unwrap(angle(H1)*30);
    ph2 = unwrap(angle(H2)*30);

close all;
semilogx(w/pi,ph1/30,'k-.','LineWidth',1);
hold on
semilogx(w/pi,ph2/30,'k--','LineWidth',1);
grid minor;
title('Magnitude and Phase Response(dB)','FontWeight','Normal')
ylabel('Phase(rad)');
xlabel('Normalized Frequency (\times\pi rad/sample)');
legend('N=16','N=32'
```

3.2.3　中值滤波

　　中值滤波基于统计排序的思想，中值滤波器也是一种时域滤波器。由于中值滤波是非线性的，因此不能对其进行频谱分析。信号中的毛刺或脉冲代表信号中的高频分量，消除毛刺相当于滤除了信号中的一部分高频分量，从而，中值滤波也具有低通特性。

　　中值滤波对于高斯白噪声的抑制能力比不上均值滤波，但是特别适用于处理模拟量中的毛刺或脉冲干扰。此类干扰一般都有较大的幅值，如果采用均值滤波或一阶滞后滤波，那么在较长的一段时间内，信号都会受到扰动的影响。合适的中值滤波器会直接抛弃毛刺，从而完全不受毛刺的影响。

　　中值滤波的基础在于找出序列的中间值，虽然这可以通过对采样序列进行排序实现，但很明显这不是最经济的方案。分治算法比较适合解决此问题，因为当序列长度为 1 或 3 时，找出中间值将是非常轻松的事情。因此，在处理长序列时，可以不断减小序列规模，降低搜寻复杂度，直到最终完成任务。

　　具体地，函数首先从序列中选取一个数 x，然后将所有比它小的元素都移到它的左边，将所有比它大的元素都移到它的右边。于是，整个序列以 x 为界分为两个规模较小的子序列。移动完成后考查这个数的位置，如果它恰好在中间位置，那么程序就结束了；如果位置偏左，那么需要搜寻的元素隐藏在右边的子序列中；如果位置偏右，那么意味着需要搜寻的元素在左边的子序列中。对于后面两种情形，重复上述搜寻过程即可。元素查找算法的核心过程如图 3-14 所示，对应的 C 语言代码如下：

```
x= list[l];
while (l != r)
{
    while (list[r] >= x&& r > l)  //找出比 list[left]小的元素并将其移到左边
        r--;
    if (r >l) list[l++] = list[j];

    while (list[l] <= x&& r > l)   // 找出比 list[right]大的元素并将其移到右边
        l++;
    if (r > l) list[r--] = list[l];
}
```

初始化之后，l、r 分别指向序列 list 的左右两边，临时变量 x 取序列左边的值。代码通过 while 循环将比 x 大的元素移到右边，将比 x 小的元素移到左边。当 l=r 时，退出循环。此时，它们所指向的位置即序列的分界点。

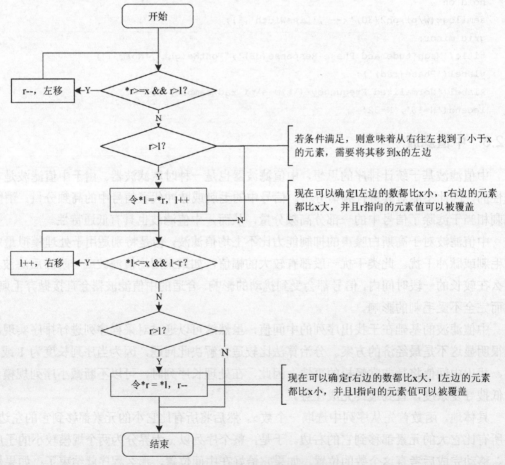

图 3-14　元素查找算法的核心过程

3.3　数字滤波器独有的特点

3.3.1　频响周期性

由于采样的关系，数字滤波器具有一些模拟滤波器不具备的特点。以一阶滞后滤波器为例，其脉冲传递函数为

$$H(z) = \frac{az}{z-(1-a)} \qquad (3-23)$$

对应的幅频响应为

$$H(z) = \frac{a\cos w + ja\sin w}{\cos w - (1-a) + j\sin w} \qquad (3-24)$$

令系数 $a = 1/16$，由 MATLAB 绘制的一阶低通滤波器的幅频响应如图 3-15 所示。

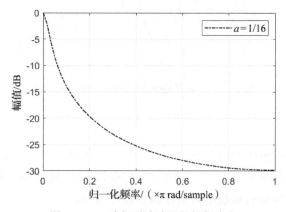

图 3-15　一阶低通滤波器的幅频响应

图 3-15 所示的作图范围只到奈奎斯特频率（采样频率的一半），曲线走势符合低通滤波的特征，低频分量可通过而高频分量衰减较大。这里尚看不出数字滤波器有何特异之处，将频率范围增大一倍，得到的滤波器的幅频响应如图 3-16 所示。滤波器在整个采样频率范围内的幅频响应看起来像一个水盆，中间低而两端高，相应地，对中间频率分量的衰减作用大而对两端的频率分量的衰减作用很小，这与模拟滤波器是不同的。模拟滤波器对截止频率以上的分量一定会有衰减作用，并且频率越高，衰减作用越大。

进一步增大所考查的频率范围，如图 3-17 所示。此时，数字滤波器的幅频响应看起来像是一把梳子或钉耙，"齿部"允许信号通过，其他部分抑制信号通过。很明显，数字滤波器的幅频响应具有周期性（这点从其表达式中也可看出），其对频率为 $2k$（$k=0,1,\cdots$）的分量无衰减作用，而对频率为 $2k+1$（$k=0,1,\cdots$）的分量有着最强的抑制作用，这是模拟滤波器不具有的特点。

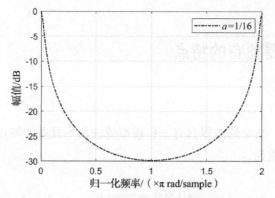

图 3-16 一阶低通滤波器的幅频响应延长段

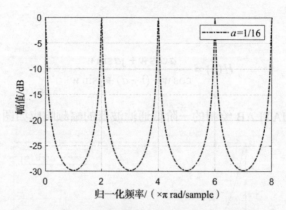

图 3-17 二阶低通滤波器的幅频响应超长段

3.3.2 频响纹波

有些数字滤波器的幅频响应有纹波，比较明显的有滑动平均滤波器、切比雪夫 II 型原型滤波器阻带纹波（见图 3-18）等。阻带纹波对滤波器的性能影响比较小，在使用 FDA 设计滤波器时，软件会保证衰减最小时仍能满足设计指标。

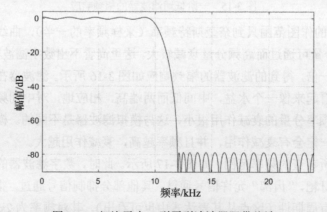

图 3-18 切比雪夫 II 型原型滤波器阻带纹波

对时域信号进行滤波最好选择没有纹波的滤波器。因为时域信号的干扰是比较随机的，很难在设计阶段彻底了解其频率分量，所设计的滤波器在实践中容易遇到不能充分抑制阻带干扰的情况。幅频响应曲线平滑下降的滤波器的阻带衰减随频率的升高而增大，不能充分抑制阻带干扰的情况会大大减少。

3.3.3　混叠问题

当输入信号的频率高于采样频率的一半时，采样点不足以表示输入信号，此时观测到的不再是这些高频信号，而是处于某个低频的信号，即混叠频率信号。

混叠可以这样理解：假设天空中有一只小鸟以固定频率扇动翅膀飞翔，我们用一台摄像机进行录像，如果摄像机拍摄（采样）的频率和小鸟扇动翅膀的频率一致，那么将看到小鸟张着翅膀不动却能够自由自在地飞来飞去的情形。对模拟信号进行采样的过程与之类似，当采样频率和模型信号频率一致时，每次采到的都是同一个值，采样信号为一个直流信号。慢慢提高采样频率，会得到一个频率慢慢升高的失真模拟信号。

混叠无法使用数字滤波器来消除，因为在采样器看来，这些信号都是低频信号甚至是直流信号，只能通过模拟滤波器在前端将其滤除。为了尽量减小混叠造成的影响，在设计滤波器时，应在条件允许的情况下尽量提高采样频率，这样可以获得比较好的滤波效果，代价是会增加滤波器的阶次，进而耗费更多计算存储资源。

在绝大多数情况下，混叠都是应该避免的，但是在某些特殊的应用下，混叠可以带来极大的便利。一个典型的例子就是旋转变压器输出信号的解算，由于其输出信号由高频激励信号和低频位置信号叠加在一起，因此，利用混叠可以轻松去掉高频激励信号而仅在采样信号中保留低频位置信号。

3.3.4　输出静差问题

图 3-19（a）所示为一个一阶滞后滤波器结构，滤波器的输出由当前拍的输入和上一拍的输出构成，当输入的权重较小时，滤波器的输出主要依赖历史值，表现出低通特性。滤波器参数满足 $a + b = 1$，通常 $a \ll b$。

将滤波器的常规结构稍做变化，如图 3-19（b）所示。可以看到，滤波器包含一个纯积分环节，滤波器的输出正是此积分环节的输出。同时，滤波器中出现负反馈结构，输入与反馈的比较偏差输入积分环节并不断累加，直到偏差被消除。

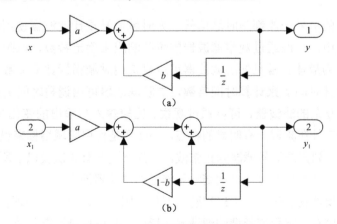

图 3-19　一阶滞后滤波器结构图

如果系数 a 的取值比较小，如 1/512 或 1/1024 等，那么比较偏差在数值上也会比较小。这就要求滤波器数据具有较高的精度，否则比较偏差将无法累加，导致输出不能跟随输入。当这种情况出现时，滤波器对阶跃输入的响应会有固定的偏差。

在实际应用中，滤波器对终值为零的阶跃信号的响应可能更加重要。因为在指令信号变为 0 后，滤波器的稳态输出为正意味着机器不能正常停止；而稳态输出为负则涉及输出方向的改变，问题可能更加严重。图 3-20 所示为某芯片公司例程中滤波器的响应，当给定值由 1000 变为 0 时，滤波器的输出最终稳定为−24，静差比较明显。

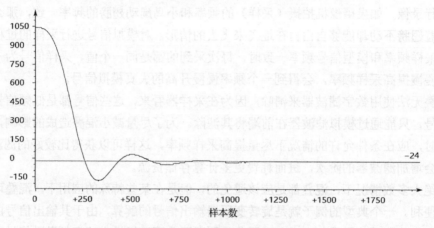

图 3-20　某芯片公司例程中滤波器的响应

滤波器的静差可以通过优化滤波器代码来实现，也可以通过提高输入的分辨率来实现。对于后者，可以将滤波器的输入乘以 100，输出时将滤波器的输出除以 100。此时，小于 100 的静差将会被消除。提高输入的分辨率的代价是降低滤波器的输入范围，此时有可能发生数据溢出。

3.4　参数取舍

3.4.1　响应时间与超调

控制系统中的信号一般都是时域信号，为时域信号设计滤波器使用时域指标更加直观。在实际应用中，一般通过观察滤波器的阶跃响应来确定参数，取阶跃响应建立时间短并且超调小者为最佳。常见低阶滤波器可以直接由时域指标计算参数。例如，一阶滞后滤波器可由上升时间 t_r 来计算时间常数，二阶滤波器可由调整时间 t_s 来计算自然角频率等。对于比较复杂的滤波器，可以通过观察、比较输入与输出的变化来人工调整参数。

如果待处理信号在频域上有明显的特点，那么还是使用频域指标来设计滤波器比较方便。例如，要将一列方波信号滤波为正弦波，因为方波含有 3 次及以上所有奇次谐波，所以设计滤波器时保证 3 次及以上奇次谐波不能通过滤波器即可。

一般来说，反馈物理信号不会出现阶跃变化，因此，在对反馈物理信号进行滤波时，可以采用阶跃响应有一定程度超调的滤波器。指令信号可以是阶跃信号，指令值从无到有的过程更是如此，故对指令信号进行平滑滤波时需要考虑超调对系统的影响。一般都使用没有超调的滤波器，如一阶滞后滤波器或直线滤波器。

3.4.2　相位滞后

控制系统中的相位滞后会造成系统稳定性变差，故在设计控制系统时，选择滤波方案的策略是"在指定频段提供足够衰减的前提下，尽量减小穿越频率附近的相位滞后"。对于那些相位滞后和带宽无关紧要的应用，设计滤波器时只要能提供足够的衰减即可。

假设需要设计一个滤波器，要求对高于 200Hz 的信号实现至少 20dB 的衰减，并且在增益穿越频率 20Hz 处具有最小的相位滞后。如果使用一阶滞后滤波器，则要求对频率高于 200Hz 的信号产生不低于 20dB 的衰减意味着只有约 21Hz 的带宽，而产生的相位滞后在约 20Hz（19.9585Hz）处为 0.7599052rad（约为 43°），如图 3-21 所示。

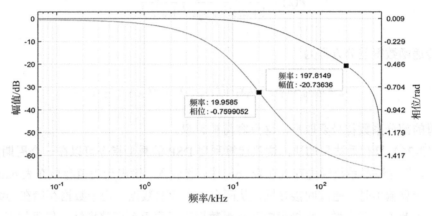

图 3-21　一阶滤波器的相位滞后

如果使用二阶滤波器，则可得到约 80Hz 的带宽，在约 20Hz（20.1416Hz）处，相位滞后为 0.3983783rad（约为 23°），相对于一阶滞后滤波器有不小的改善，如图 3-22 所示。如果进一步减小阻尼，那么相位滞后还可以继续减小，直到凸峰开始影响系统增益裕度。一般来说，二阶滤波器的阻尼取值为 0.4～0.7 可以比较好地平衡衰减倍数和相位滞后问题。

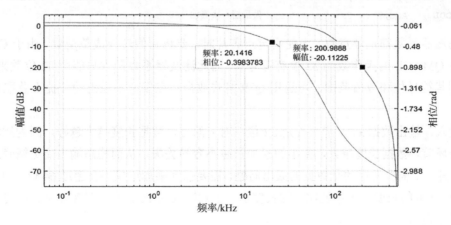

图 3-22　二阶滤波器的相位滞后

3.5　实战案例

3.5.1　三阶低通滤波器汇编实现

3.5.1.1　系数定标

利用 FDA 设计三阶低通滤波器，导出滤波器参数 $Num = [9.765625 \times 10^{-4}, -4.8828125 \times 10^{-4}, -4.8828125 \times 10^{-4}, 9.765625 \times 10^{-4}]$、$Den = [1, -2.794677734375, 2.60986328125, -0.814208984375]$。参数用变量表示 $Num = [b_0, b_1, b_2, b_3]$、$Den = [1, a_1, a_2, a_3]$，得滤波器的离散传递函数为

$$h(z) = \frac{b_0 + b_1 z^{-1} + b_2 z^{-2} + b_3 z^{-3}}{1 + a_1 z^{-1} + a_2 z^{-2} + a_3 z^{-3}} \tag{3-25}$$

由离散传递函数得差分方程为

$$y_0 = b_0 x_0 + b_1 x_1 + b_2 x_2 + b_3 x_3 - a_1 y_1 - a_2 y_2 - a_3 y_3 \tag{3-26}$$

注意分母的部分系数符号要取反，这点容易被忽视。

式（3-26）只有乘法和加法，这些运算利用 DSP 的乘加指令可以在一个周期内完成。在编程时，将滤波器系数预先存放在表 coef 中，将输入、输出历史值存放在表 data 中并实时更新。计算输出时，通过间接寻址，从两个表中读取数据，由于数据存储在连续的存储空间中，因此寄存器自增，直接指向下一组数据而无须手动调整指针。代码如下：

```
MOVL    XAR7,#_coef         ; XAR7 = 指向 coef
MOVL    XAR6,#_data         ; XAR7 = 指向 data
…
RPT #N-1                    ; 重复执行下一条指令 N 次
||QMACL P,*XAR6++,*XAR7++   ; ACC = ACC + P >> 0 ; P = *XAR6++ * *XAR7++
ADDL    ACC,P << PM         ; 做最后一次累加
```

滤波器系数都是浮点数，当使用定点芯片时，要将它们转换成整型数。由于 C28x 乘加指令 QMACL 的操作数为 32 位有符号数，因此滤波器系数最大只能用 32 位数来表示，考虑到其符号位和取值范围，可选用 Q29 格式数据，在保证不溢出的前提下获取最高的精度。

输入、输出数据 x、y 最大也是 32 位，对 y 而言，数据长度越大越好。因为滤波器包含积分环节，数据长度越大，微小的累加量越不容易丢失，从而稳态输出能更精确地跟踪输入。另一个需要考虑的是数据的溢出问题，需要保证乘加结果不会超过 64 位。由于 y 跟随 x，因此 y 的长度至少不能比 x 的长度小，已知输入为 16 位有符号整型数，故可用 Q16 格式数据表示 y。

　　一旦滤波器系数和输出 y 的数据格式确定下来，输入 x 的数据格式就随之确定，因为计算输出时必须保证每个乘积项都具有相同的数据格式，否则不能进行累加。基于上述原则，输入 x 需要左移 16 位而转化成 Q16 格式数据，只有这样，x 才能参与运算。需要指出的是，在代码中将 x 左移 16 位是必需的，因为指令 QMACL 的操作数本就为 32 位有符号数，如果不左移 16 位，那么操作数的高位数据就不是预期值，将导致计算出错。

　　汇编指令 QMACL 保留 64 位乘积的高 32 位，这意味着乘积为 Q(29+16-32)，即 Q13 格式数据，从而，滤波器的输出 y 最初为 Q13 格式数据，在存储之前，需要先将其左移 3 位以保证数据类型的一致性。

　　滤波器的输入为有符号整型，在取值范围内左移 16 位均不会溢出，即 x 没有溢出的风险。乘法运算的结果长度为 64 位（仅保留高 32 位），参与运算的两个操作数均为 32 位，乘法运算不会造成数据溢出。累加运算的各个操作数都是 Q13 格式数据（原始乘积左移 13 位），结合输入和滤波器系数的取值范围可知，在整个范围内，累加运算不会溢出。

　　如果滤波器是稳定的，那么输出 y 最终能跟随输入 x，两者的取值范围一致，但是考虑到动态过程中可能会出现超调，因此 y 的取值范围比 x 的取值范围大一些。在这种情况下，要么选择减小 y 的取值范围以适应现有的数据格式，要么选择变更数据格式以获取更宽的表示范围。前者是不可取的，因为输出 y 必须跟随输入 x，其取值范围是不可调的。将 y 的数据格式由 Q16 变更为 Q15 可将其表示范围拓宽为原来的 2 倍，为满足乘积项格式一致原则，需要考虑将 y 的系数变更为 Q30 格式数据，但是这是不允许的，因为 y 的系数太大。这时可以选择将 x 的系数由 Q29 变更为 Q28 格式数据，这样也可以满足要求，负面的问题就是会降低 x 的系数的精度。

　　滤波函数的输入变量类型为 int16，对应的输出变量类型也为 int16，因为滤波器响应超调的关系，即便是滤波函数内部未出现超调，在输出时也是可能出现超调的。例如，输入 32767，10%超调时的输出为 36043，明显超过了 int16 的表示范围。在实际应用中，信号的取值范围一般都不会取遍整个范围，如果信号的取值范围过大，则可以采用标幺化的方法将其限定在合理的取值范围内。

3.5.1.2　记录数据更新

　　IIR 滤波器的输出有赖于过去的输入和输出，编程时需要实时地对这些值进行更新。由于 DSP 没有直接由存储器向存储器写的指令（只有一条数据总线，PREAD 指令不算），因此写存储器必须先将数据读取到寄存器中，再将寄存器中的数据写入存储器。为了能够连续地更新数据表，需要将元素反序存放，即将最新的数据放在高地址处，旧数据放在低地址处，如图 3-23 所示。

　　更新数据表之前，可以明确 x_3 和 y_3 是将要抛弃的元素，故第一步将 y_0 的值赋予 x_3，使 x_3 可以在后面的步骤中用来更新 y_1。第二步是使用两个指针，使它们分别指向 y_3 和 y_2，即 P1->y3 和 P2->y2，通过间接寻址实现后一个元素向前一个元素的赋值，每次赋值完成后，寄存器值（指针）自增，指向下一组数据，如此反复，直到整个数据表更新完成。数据表末尾的元素 x_0 在下一个执行周期中由输入参数更新。

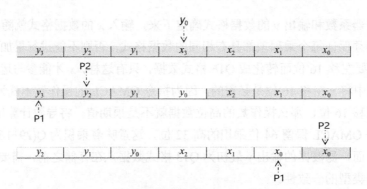

图 3-23 更新历史值算法 1

PREAD 指令可以实现从存储器到存储器的读/写，但是数据宽度只有 16 位，这对于滤波器的数据更新没有实质上的帮助，因为 y 必须以 32 位的长度保存。PREAD 指令本来是用来将代码从 Flash 复制到 RAM 中的，也经常用来进行数组到数组的赋值等操作。

指令 MOVDL XT,loc32 从 loc32 处读取数据并放到寄存器 XT 中，并将 XT 存入 loc32 的上一个位置，使用此指令配合 RPT 可以快速完成数组的移动。代码如下：

```
RPT     #N-2
||MOVDL        XT,*--XAR6
```

将数据在内存中正序存放，乘加指令执行完成后，指针指向数据 y_3 的下一个位置。在更新前，仍然先令 $x_3 = y_0$，然后调整指针指向 y_3。MOVDL 执行时，先令指针指向 y_2，将 y_2 的数据读到 XT 中，并将 XT 的内容写入 y_3；然后指针自减（--XAR6），指向 y_1，再次执行 MOVDL，将 y_1 写入 y_2；如此反复 $N-2$ 次，将所有数据更新。以上一个数据的更新可以在一个指令周期中完成，效率非常高，如图 3-24 所示。

上一周期	x_0	x_1	x_2	x_3	y_1	y_2	y_3
移位完毕	x_0	x_0	x_1	x_2	y_0	y_1	y_2
下一周期	x_1	x_1	x_2	x_3	y_1	y_2	y_3
更新完毕	x_0	x_1	x_2	x_3	y_1	y_2	y_3

图 3-24 更新历史值算法 2

当数据表规模比较小时，采用逐个搬移的方法不会造成太多的资源浪费。而一旦数据增多，这种方案的耗时将变得无法接受，必须使用更快的方案。使用 C28x 的循环寻址可以很容易地实现 C 语言中的循环队列，此方案实质上并不更新历史值，而通过更新指针来达到类似的效果，如图 3-25 所示。

在上一拍处理中，计算输出完成后，数据指针指向 y_3。此时，x_3 是需要丢弃的数据，先令 $x_3 = y_0$，然后退出等待下一拍处理。在下一拍处理中，上一拍的 y_2 此时成为 y_3，指针所指数据为上一拍的 y_3，将 x_0 放入此位置，完成输入的更新，同时指针自增，仍然保持指向 y_3 的状态。

地址	系数	原始状态	一	二	三	四	五	六	七	八	九	十
低地址	a_3	y_3	x_0	x_1	x_2	x_3	y_1	y_2	y_3	x_0	x_1	x_2
	a_2	y_2	y_3	x_0	x_1	x_2	x_3	y_1	y_2	y_3	x_0	x_1
	a_1	y_1	y_2	y_3	x_0	x_1	x_2	x_3	y_1	y_2	y_3	x_0
	b_3	x_3	y_1	y_2	y_3	x_0	x_1	x_2	x_3	y_1	y_2	y_3
	b_2	x_2	x_3	y_1	y_2	y_3	x_0	x_1	x_2	x_3	y_1	y_2
	b_1	x_1	x_2	x_3	y_1	y_2	y_3	x_0	x_1	x_2	x_3	y_1
高地址	b_0	x_0	x_1	x_2	x_3	y_1	y_2	y_3	x_0	x_1	x_2	x_3

图 3-25　更新历史值算法 3

在计算滤波器的输出时，系数指针总是指向 a_3，而数据指针则指向 y_3，两个指针所指内容一一对应，并且在自增过程中仍是如此。代码如下：

```
RPT #N-1 ;
||QMACL P,*AR6%++,*XAR7++
```

写 x_3 实际上比较麻烦，因为 x_3 在内存中的实际位置是变动的，要准确地对其进行写操作，需要进行一些额外的处理。当数据规模较小时，用循环队列并没有太大的优势，甚至是得不偿失的。

3.5.1.3　汇编源代码

滤波器完整的汇编源代码如下，此代码基于 TI 公司 C28x 指令集编写，编写过程中使用专为数字信号处理设计的单周期乘加指令并对计算过程进行了优化，可以获得比 C 语言程序更高的执行效率。对汇编函数进行简单的封装便可以在 C 语言代码中调用。

```
                .title "IIR FILTER"      ;汇编文件标题
;**********************************************
; 定义符号常量
;
;**********************************************
        N   .set    7
        .global  _iir_filter
        .global  _coef
        .global  _list
;**********************************************
        .sect "ramfuncs" ; 程序段
_coef:      ; 'coef' 指向第一个数据，即 b0
        .long   524288      ; b0
        .long  -262144      ; b1
        .long  -262144      ; b2
        .long   524288      ; b3 -- Q29--2^29
        .long  1500381184   ; a1
        .long -1401159680   ; a2
        .long   437125120 ; a3 -- Q29--2^29
```

```
        .data               ; 初始化数据段
_list:
        .long  0x1122        ; x0
        .long  0x3344        ; x1
        .long  0x5566        ; x2
        .long  0x7788        ; x3
        .long  0x99aa        ; y3
        .long  0xbbcc        ; y2
        .long  0xeeff        ; y1
;*********************************************************
; (1)  x0 = input << 16;
; (2)  y0 = b0*x0 + b1*x1 + b2*x2 + b3*x3 + a1*y1 + a2*y2 + a3*y3
; (3)  y0 =
;*********************************************************
        .sect  "ramfuncs"
_iir_filter:
        MOVL XAR7,#_coef                    ; XAR7 = 指向 coef
        MOVL XAR6,#_list                    ; XAR6 = 指向 list

        LSL      ACC, #16
        MOVL     *XAR6,ACC                  ; 更新 x0

        SPM 0                               ; 令乘法结果  "右移 0"
        ZAPA                                ; Zero ACC, P, OVC
        RPT #N-1
        ||QMACL P,*XAR6++,*XAR7++ ; ACC = ACC + P >> 0 ; P = *XAR6++ * *XAR7++
        ADDL     ACC,P << PM                ;执行最后一次累加操作
        LSL      ACC , #3

        SUBB     XAR6, #8                   ; XAR6 -> x3
        MOVL     *XAR6, ACC                 ; x3 = y0
        ADDB     XAR6, #6                   ; XAR6 -> y3

        RPT #N-2
        ||MOVDL  XT,*--XAR6                 ; 更新延迟缓冲区

        MOVW     @AL,AH
        LRETR
```

3.5.2 电机转速滤波

图 3-26 所示为一段汽车电机反馈转速信号。可以看到，在电机起动等阶段，速度有明显的抖动，只有将抖动滤除才能上报给上位机或反馈给速度控制器。

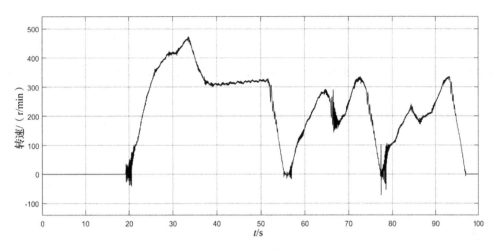

图 3-26　汽车电机反馈转速信号

对信号进行频谱分析，如图 3-27 所示。可以看到，在 8Hz 附近有一个异常的"突起"，据此可以判断谐振频率为 8～9Hz。使用带阻滤波器对转速进行滤波，为充分抑制谐振频率附近分量，将衰减倍数设置为 60dB，带阻滤波后的电机转速如图 3-28 所示。

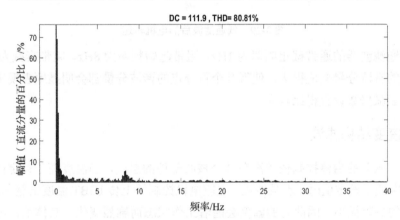

图 3-27　电机转速某片段频谱

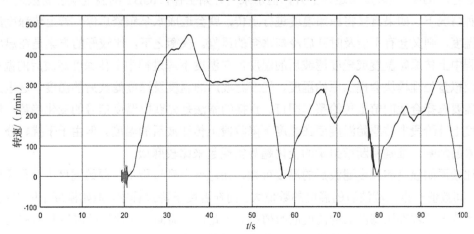

图 3-28　带阻滤波后的电机转速

经过滤波，速度信号中部分位置的抖动消失了，但在另外一些地方抖动仍然存在。这说明速度抖动并不是完全由谐振引起的，某些频率高于谐振频率的信号也会引起抖动。重新设计低通滤波器，对高于 8Hz 的谐波分量予以抑制。如图 3-29 所示，滤波之后，电机转速大为平滑。

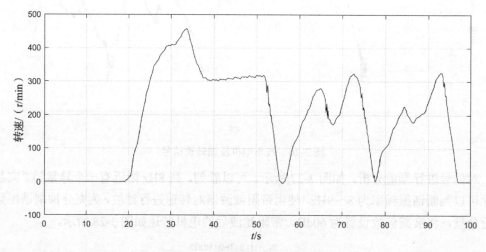

图 3-29　低通滤波后的电机转速

此处低通滤波器的通带截止频率为 1Hz，阻带起始频率为 8Hz，阻带衰减为 60dB。由于速度信号的直流分量幅值很大，使得几个百分点的谐波分量都会明显地表现出来，因此需要将阻带衰减倍数设置得比较高。

3.5.3　温度变结构滤波

汽车冷却水泵的启停控制依赖汽车几个核心部件的温度，当温度高于设定值时，水泵工作；当温度低于设定值时，水泵停止。主驱电机控制器上传 IGBT 温度给整车作为参考，由于 IGBT 的热阻很小，因此它的温度会随着工作状态而剧烈变化。具体地，电机控制器一旦运行，IGBT 的温度就迅速上升，但水泵一开始工作，IGBT 的温度就会断崖式下跌。在这种情况下，如果直接将原始温度进行上传，就会造成水泵频繁启停，若上传深度滤波后的温度，则又会有不能及时开启冷却水泵的风险。权衡之下，比较好的方案是在温度上升过程中上传原始温度或轻度滤波后的温度，在温度下降过程中上传深度滤波后的温度。

模拟量处理模块会提供原始温度、轻度滤波后的温度及深度滤波后的温度，这里只需根据需要选择合适的值上传给整车即可。直接的做法是先获取温度信号的变化趋势，然后在温度上升阶段上传原始温度而在温度下降阶段上传滤波后的温度。但由于干扰、分辨率等因素的影响，准确判断模拟量的变化趋势实现起来比较麻烦。

比较原始温度和深度滤波后的温度可知，在温度上升过程中，原始温度上升得更快，从而，其数值一直比滤波后的温度的数值大；而在温度下降过程中，原始温度下降得更快，其在数值上基本都比滤波后的温度的数值小。于是，只需简单对比原始温度和滤波后的温度的数值大小，并上传温度的数值较大者即可满足需求。

上述过程本质上仍然是一个滤波器，只不过其结构随着输入信号的不同而变化：输入信号的幅值增大时，滤波作用将被移除，输入信号直接作为结果输出；输入信号的幅值减小时，滤波作用切入，输入信号经滤波后输出。

3.5.4　母线电流滤波

电机控制器直流母线电流信号波形如图 3-30 所示。可以看到，母线电流含有大量幅值较大的毛刺，其中，电流的均方根值为 40.69A，而瞬时电流最大可达近 300A。

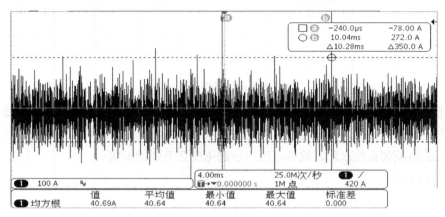

图 3-30　电机控制器直流母线电流信号波形

利用示波器对电流信号做 FFT 分析，结果如图 3-31 所示，其中频率每格为 5kHz。可见，母线电流信号中频率为 16kHz 和 8kHz 的谐波分量的幅值较大，这与功率变换电路的开关频率有关。

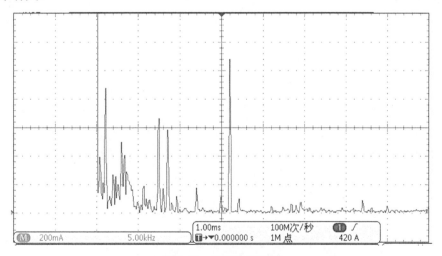

图 3-31　母线电流频谱

考查如图 3-30 所示的母线电流信号，对其做 8kHz 采样，得到的采样信号如图 3-32 所示。注意到采样信号恰好保留了原始信号 $t = 0.02s$ 时的巨大毛刺。如果对毛刺不做处理，那么对于显示、反馈会出现跃变，对于控制有可能导致误动作。

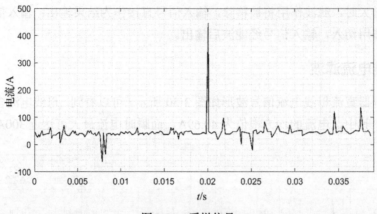

图 3-32   采样信号

对毛刺进行滤波最好不要简单地使用惯性滤波或是平均滤波方式，因为这些滤波方式虽然抑制了毛刺的幅值，但是会增加毛刺的作用时间，最好的方法是采用中值滤波方式或类似的方法将毛刺直接剔除，这样可以完全避免受到毛刺的影响。

第 4 章

估计观测算法及实践

观测器是结合检测信号和控制对象的其他信息产生观测信号的算法，属于电机控制中比较高级的技术。观测器主要有两方面的作用：其一，控制系统中有一些无法直接测量的信号，可以通过观测器获得；其二，观测器可以用来增强传感器信号，提高信号的精度或减小相位滞后。

PMSM 运行时，反电势和转子磁链都是无法直接测量的，而通过观测器则可以获得这两个信号。进一步地，根据反电势和转子磁链可以解算电机速度（电机转速）与转子角度，实现无速度传感器控制。类似的使用观测器替代传感器的技术具有很高的实用价值。省掉价格昂贵的传感器能够极大地降低系统成本，并提高其可靠性。开关霍尔 FOC 方案是比较典型的信号增强的例子。开关霍尔传感器的角度只有 60° 的分辨率，不能提供连续的角度信号，本不足以实现 FOC 控制。但是，引入观测器来处理霍尔信号可以产生连续且平滑的角度信号，大幅度提高信号的分辨率。

从结构上来看，观测器可以分为开环观测器和闭环观测器。开环观测器内部没有反馈支路，输出依赖模型的精确程度。闭环观测器内部存在反馈支路，有信号收敛于检测信号或常量。闭环观测器的输出由两部分组成，即基于模型的先验估计（这一部分和开环观测器是一样的）与基于反馈的后验估计。一般来说，闭环观测器的性能优于开环观测器的性能，前者在模型不够精确的情况下仍然能给出令人满意的结果。

本章首先以一个抽象的系统为例，简要地介绍状态反馈控制与状态观测器的实现；然后结合一个相对实用的案例对龙伯格观测器的原理、实现过程与结构进行讲解；最后分别介绍 4 个独立的项目，这些项目无一例外都使用了观测算法。

4.1　预备知识

4.1.1　状态反馈

假设某系统的开环传递函数为

$$G(s) = \frac{1}{s^3} \tag{4-1}$$

该系统可控标准形的状态方程和输出方程分别为

$$\dot{x} = Ax + Bu = \begin{pmatrix} 0 & 1 & 0 \\ 0 & 0 & 1 \\ 0 & 0 & 0 \end{pmatrix} \begin{bmatrix} x_1 \\ x_2 \\ x_3 \end{bmatrix} + \begin{bmatrix} 0 \\ 0 \\ 1 \end{bmatrix} u$$

$$y = Cx = \begin{bmatrix} 1 & 0 & 0 \end{bmatrix} \begin{bmatrix} x_1 \\ x_2 \\ x_3 \end{bmatrix}$$

(4-2)

式中，A 为系统矩阵；B 为控制矩阵；C 为输出矩阵；x 为系统状态；u 为系统输入；y 为系统输出。

式（4-2）所示的系统可控，此时能够通过状态反馈矩阵配置闭环极点，以实现稳定并满足一定的性能指标要求。采用反馈后，系统的特征多项式为

$$f(\lambda) = \det[\lambda I - (A - BK)] = \lambda^3 + k_3\lambda^2 + k_2\lambda + k_1$$

假定期望极点为 $p_1 = -4$，$p_{2,3} = -2 \pm j1$，则系统的期望特征多项式为

$$f^*(\lambda) = (\lambda + 4)(\lambda + 2 - j1)(\lambda + 2 + j1) = \lambda^3 + 8\lambda^2 + 21\lambda + 20$$

比较可得反馈矩阵为

$$K = \begin{bmatrix} k_1 & k_2 & k_3 \end{bmatrix} = \begin{bmatrix} 20 & 21 & 8 \end{bmatrix}$$

系统状态反馈结构图如图 4-1 所示。

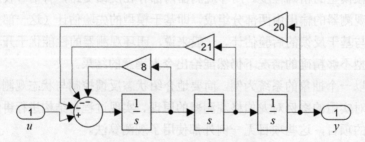

图 4-1　系统状态反馈结构图

引入状态反馈后，系统的传递函数为

$$M(s) = \frac{1}{s^3 + 8s^2 + 21s + 20}$$

注意到状态反馈减小了系统的增益，这是因为最外环反馈支路的增益大于 1，而常规的负反馈系统采用的都是单位负反馈。如果有需要，则可以在输入端或其他合适位置进行补偿。

4.1.2　状态观测

状态观测器根据系统输入、输出的测量值，以及系统的其他信息（模型）得出状态变量的估计值。全维观测器给出的是状态的渐进估计值，即过渡过程之后状态的估计值趋近

于状态的实际值，两者的误差满足

$$\dot{e} = (A - HC)e \tag{4-3}$$

表明状态误差的行为完全由矩阵 $A - HC$ 决定，其中，H 为反馈矩阵，若 $A - HC$ 的特征值都具有小于 $-\sigma$ 的负实部，那么状态误差 $e(t)$ 所有的分量将以比 $e^{-\sigma t}$ 更快的速度衰减至零。若矩阵 $A - HC$ 的特征值可以任意配置，则可以控制状态误差的行为。这里隐含地说明了一个原则，就是状态观测器反馈矩阵增益的调整，或者说极点配置的出发点在于优化各个状态误差的收敛特性。

仍以 4.1.1 节中的系统为例，因为有

$$\text{rank} = \begin{bmatrix} C \\ CA \\ CA^2 \end{bmatrix} = \text{rank} \begin{pmatrix} 1 & 0 & 0 \\ 0 & 1 & 0 \\ 0 & 0 & 1 \end{pmatrix} = 3$$

所以系统可观测，能够任意配置极点构成状态观测器。假定系统的全维观测器的期望极点均为 -3（将所有极点配置在同一个位置是常见的做法，这样做的好处是待调参数的数量少），那么状态观测器的期望特征多项式为

$$f^*(\lambda) = (\lambda + 3)^3 = \lambda^3 + 9\lambda^2 + 27\lambda + 27$$

采用反馈后的状态观测器的特征多项式为

$$f(\lambda) = \det[\lambda I - (A - HC)] = \lambda^3 + h_1\lambda^2 + h_2\lambda + h_3$$

比较可得状态观测器的反馈矩阵为

$$H = \begin{bmatrix} h_1 \\ h_2 \\ h_3 \end{bmatrix} = \begin{bmatrix} 9 \\ 27 \\ 27 \end{bmatrix}$$

根据系统模型和反馈矩阵绘制状态观测器结构图，如图 4-2 所示。其中，u 为系统输入，y 为系统输出的测量值，$\hat{y}$ 为状态观测器的输出估计值。系统输出的测量值作为减数与状态观测器的输出估计值做差之后，作为负反馈反馈到各个积分器输入端，注入状态变化率。

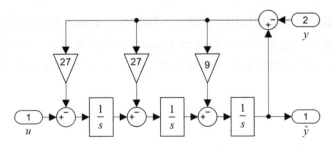

图 4-2　状态观测器结构图

从控制的角度来看，图 4-2 所示的状态观测器可以看作一个单输入单输出的控制系统。令系统输入 u 为零，以 y 为系统输入，$\hat{y}$ 为系统输出，调整状态观测器的结构，如图 4-3 所示。

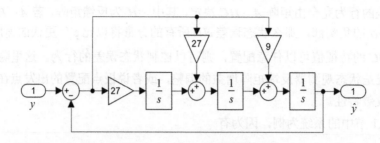

图 4-3 状态观测器闭环结构

图 4-3 所示的系统的传递函数为

$$M(s) = \frac{9s^2 + 27s + 27}{s^3 + 9s^2 + 27s + 27}$$

很明显，之前所配置的状态观测器的极点正是此传递函数的极点。

当把状态观测器看作闭环控制系统时，其输入是实际系统输出的测量值，反馈为状态观测器的输出估计值，原系统的输入支路相当于前馈输入。设计状态观测器时配置的极点一方面单独控制对应状态估计误差的收敛速度，另一方面共同作用决定了整个闭环控制系统的动态性能。在绝大多数情况下，设计者关心的信号总是状态观测器的输出信号。正是因为如此，在设计状态观测器时，大多以状态观测器的输出响应为准进行参数调整，而不会单独考查各个状态的响应特性。

4.2 龙伯格观测器

龙伯格观测器是常用的观测器之一，其结构简单、实现方便，在运动控制领域有着广泛的应用。龙伯格观测器通过在反馈支路设置一个补偿器来获取不可测状态的信息。下面以电机速度的观测为例，对龙伯格观测器进行简要介绍。

4.2.1 电机速度观测

电机简化的机械运动模型如图 4-4 所示。系统输入 u 为作用在电机轴上的净转矩，J 为总惯量，系统输出为包含白噪声（White Noise）的电机角度 y。系统使用位置传感器直接测量机械角度，一般可以根据角度变化计算电机速度，这里使用龙伯格观测器对角速度进行观测。

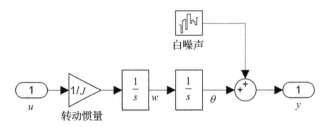

图 4-4　电机简化的机械运动模型

选取角度和角速度为状态，建立系统的状态空间模型：

$$\begin{bmatrix} \dot{w} \\ \dot{\theta} \end{bmatrix} = \begin{pmatrix} 0 & 0 \\ 1 & 0 \end{pmatrix} \begin{bmatrix} w \\ \theta \end{bmatrix} + \begin{bmatrix} 1/J \\ 0 \end{bmatrix} u$$

$$y = \begin{bmatrix} 0 & 1 \end{bmatrix} \begin{bmatrix} w \\ \theta \end{bmatrix} + v$$

（4-4）

式中，w 为角速度；θ 为角度；v 为系统测量噪声；u 为系统输入；y 为包含噪声的系统输出。

令反馈矩阵为

$$H = \begin{bmatrix} h_1 \\ h_2 \end{bmatrix}$$

则龙伯格观测器的状态矩阵为

$$A - HC = \begin{pmatrix} 0 & 0 \\ 1 & 0 \end{pmatrix} - \begin{bmatrix} h_1 \\ h_2 \end{bmatrix} \begin{bmatrix} 0 & 1 \end{bmatrix} = \begin{pmatrix} 0 & -h_1 \\ 1 & -h_2 \end{pmatrix}$$

由此得龙伯格观测器的状态空间模型：

$$\begin{bmatrix} \dot{\hat{w}} \\ \dot{\hat{\theta}} \end{bmatrix} = \begin{pmatrix} 0 & -h_1 \\ 1 & -h_2 \end{pmatrix} \begin{bmatrix} \hat{w} \\ \hat{\theta} \end{bmatrix} + \begin{bmatrix} 1/J \\ 0 \end{bmatrix} u$$

$$\hat{y} = \begin{bmatrix} 0 & 1 \end{bmatrix} \begin{bmatrix} \hat{w} \\ \hat{\theta} \end{bmatrix}$$

（4-5）

式中，$\hat{\theta}$ 为角度观测值；$\hat{w}$ 为角速度观测值；$\hat{y}$ 为系统输出观测值。由式（4-5）得状态观测器结构图，如图 4-5 所示。可以看到，反馈矩阵 H 将偏差引至状态的微分，通过注入状态变化率，观测状态趋近于实际状态。

在实际应用中，很难预先知道应该把极点配置在哪里，因此一般令两个增益相等，根据输出响应调整增益大小。对于这样一个二阶系统，也可以通过配置调整时间的方式来配置极点，这样与直接配置极点相比，在操作上更加合理，理解起来也更加容易。

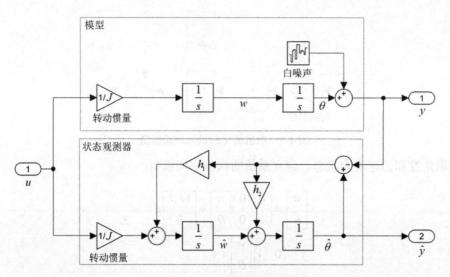

图 4-5　状态观测器结构图

4.2.2　观测器离散化

将如图 4-5 所示的状态观测器离散化，结果如图 4-6 所示。其中，系统模型部分的两个连续积分环节被离散积分器替代，其他未改变。

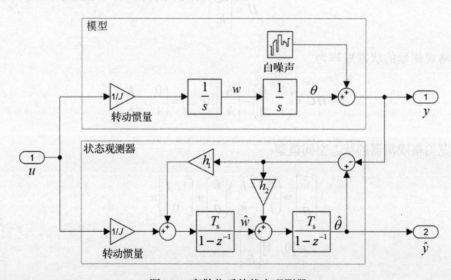

图 4-6　离散化后的状态观测器

当反馈矩阵为 0 时，计算系统离散状态。其中，角度满足

$$\hat{\theta}_k = \frac{T_s}{1-z^{-1}}\hat{w}_k \Rightarrow (1-z^{-1})\hat{\theta}_k = T_s\hat{w}_k \Rightarrow \hat{\theta}_k - \hat{\theta}_{k-1} = T_s\hat{w}_k$$

$$\hat{\theta}_k = T_s\hat{w}_k + \hat{\theta}_{k-1} \tag{4-6}$$

角速度满足

$$\hat{w}_k = \frac{T_s}{1-z^{-1}} \frac{u_k}{J} \Rightarrow (1-z^{-1})\hat{w}_k = T_s \frac{1}{J} u_k \Rightarrow \hat{w}_k - \hat{w}_{k-1} = T_s \frac{1}{J} u_k$$

$$\hat{w}_k = \frac{1}{J} u_k T_s + \hat{w}_{k-1} \tag{4-7}$$

式中，T_s 为离散化采样周期，下标 k 和 $k-1$ 分别表示第 k 拍、第 $k-1$ 拍的变量。系统输出方程为

$$\hat{y}_k = \begin{bmatrix} 0 & 1 \end{bmatrix} \begin{bmatrix} \hat{w}_k \\ \hat{\theta}_k \end{bmatrix}$$

整理得系统离散模型为

$$\begin{bmatrix} \hat{w}_k \\ \hat{\theta}_k \end{bmatrix} = \begin{pmatrix} 1 & 0 \\ T_s & 1 \end{pmatrix} \begin{bmatrix} \hat{w}_{k-1} \\ \hat{\theta}_{k-1} \end{bmatrix} + \begin{bmatrix} T_s/J \\ 0 \end{bmatrix} u_k$$
$$\hat{y}_k = \begin{bmatrix} 0 & 1 \end{bmatrix} \begin{bmatrix} \hat{w}_k \\ \hat{\theta}_k \end{bmatrix} \tag{4-8}$$

式（4-8）描述的是离散系统从 $t=(k-1)T_s$ 时刻到 $t=kT_s$ 时刻的运动，由 $t=(k-1)T_s$ 时刻的 $x(k-1)$ 与 $u(k-1)$ 可以确定 $t=kT_s$ 时刻的 $x(k)$。这样，只要知道了系统初始状态和输入，用迭代法便可以依次求得 $k=0,1,2,\cdots$ 时的 $x(0)$，$x(1)$，$x(2)$，$\cdots$。

注意到，经过离散化之后，连续模型的系数矩阵不再是离散模型的系数矩阵，这是由于离散化时在原系统中引入了零阶保持器，改变了原系统的结构。

4.2.3 估计过程

状态观测器给出状态估计的过程分为两个阶段，首先在获得测量值前由系统模型得到先验估计：

$$\begin{bmatrix} \hat{w}_k^- \\ \hat{\theta}_k^- \end{bmatrix} = \begin{pmatrix} 1 & 0 \\ T_s & 1 \end{pmatrix} \begin{bmatrix} \hat{w}_{k-1}^+ \\ \hat{\theta}_{k-1}^+ \end{bmatrix} + \begin{bmatrix} T_s/J \\ 0 \end{bmatrix} u_k \tag{4-9}$$

式中，上标-表示先验估计；上标+表示后验估计。也就是说，$\hat{w}_k^-$ 和 $\hat{\theta}_k^-$ 为第 k 拍的角速度与角度的先验估计，$\hat{w}_{k-1}^+$ 和 $\hat{\theta}_{k-1}^+$ 为第 $k-1$ 拍的角速度与角度的后验估计。然后由先验估计得到输出估计：

$$\hat{y}_k = \begin{bmatrix} 0 & 1 \end{bmatrix} \begin{bmatrix} \hat{w}_k^- \\ \hat{\theta}_k^- \end{bmatrix} \tag{4-10}$$

将 y_k 与 $\hat{y}_k$ 做差，并反馈给先验估计进行修正，得到后验估计：

$$\begin{bmatrix} \hat{w}_k^+ \\ \hat{\theta}_k^+ \end{bmatrix} = \begin{bmatrix} \hat{w}_k^- \\ \hat{\theta}_k^- \end{bmatrix} + \begin{bmatrix} h_1 \\ h_2 \end{bmatrix}(y_k - \hat{y}_k) \tag{4-11}$$

式（4-11）即对当前拍的状态估计。

状态观测器的详细结构如图 4-7 所示。可以看到，两个状态估计都具有先验估计+修正值的形式，这正是图 4-6 未能详细展示的重要细节。

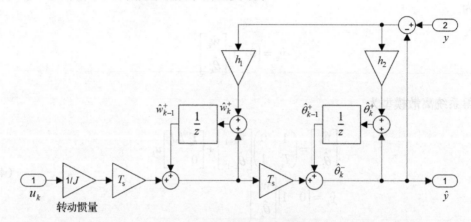

图 4-7　状态观测器的详细结构

状态的先验估计依赖系统模型，而修正值则依赖测量偏差，在某种程度上，反馈增益可以看作模型与测量的权值。反馈增益越大，估计结果越依赖测量，模型逐渐被忽略；反之，随着增益的减小，测量的作用逐渐减小，估计结果越来越依赖模型。

在频域中，随着增益的增大，转折频率升高，观测器带宽更大，因此允许更多的噪声通过；相反，随着增益的减小，观测器带宽减小，响应速度下降，只允许更少的噪声通过滤波后的系统。

4.3　实战之扰动观测补偿

考虑一个存在扰动的一阶系统，如图 4-8 所示。其中，b 为控制对象时间常数；G_c 为反馈支路控制器；a 为控制对象使用前向差分离散化以后的系数；K_1 表征了模型和实际控制对象之间增益的偏差，若 $K_1 = 1$，则表示不存在偏差。

图 4-8 所示为一个典型的状态观测器，反馈支路将控制对象输出和状态观测器输出的偏差送到状态观测器的输入端，强迫状态观测器的输出跟随实际系统的输出。状态观测器收敛之后，反馈支路的输出就是扰动的观测结果。

对图 4-8 稍做改变可以得到如图 4-9 所示的扰动补偿器框图。其中，K2 为反馈支路控制器，K3 为与扰动相关的模型。注意到，此时状态观测器反馈支路给到的是实际系统的激励而不是内部模型。另外，图 4-9 还给出了根据扰动模型（K3）直接对扰动进行估计的方法，由于实际中扰动模型一般难以建立，因此这里不展开叙述。

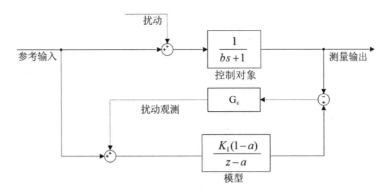

图 4-8　典型的龙伯格观测器

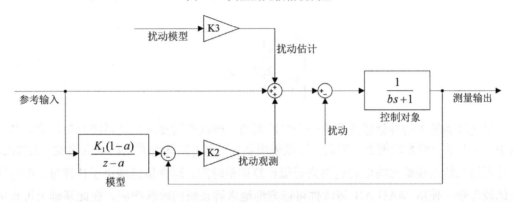

图 4-9　扰动补偿器框图

从扰动补偿器设计的角度来看，将扰动作为系统输入并令参考输入为 0，可以简化模型，如图 4-10 所示。

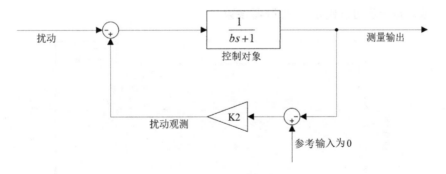

图 4-10　扰动补偿简化模型

在实际应用中，反馈支路控制器 K2 一般都采用 PI 控制器，即

$$H(s)=k_{\mathrm{p}}+\frac{k_{\mathrm{i}}}{s}$$

从而，图 4-10 所示的闭环系统的传递函数为

$$\frac{测量输出}{扰动} = \frac{-\dfrac{s}{k_i}}{1 + \dfrac{1+k_p}{k_i}s + \dfrac{b}{k_i}s^2} \tag{4-12}$$

式中，分母为二阶系统。已知标准二阶系统为

$$\frac{1}{1 + 2\zeta w_n s + w_n^2 s^2} \tag{4-13}$$

式中，ζ 为二阶系统阻尼比；w_n 为自然角频率。对比可得 PI 控制器参数为

$$\begin{cases} k_i = \dfrac{b}{w_n^2} \\ k_p = \dfrac{2\zeta b - w_n}{w_n} \end{cases} \tag{4-14}$$

以扰动为输入的补偿器模型是一个二阶系统，调试参数要从二阶系统的动态响应参数入手。区别于一阶系统的上升时间，这里采用调整时间 t_s 来评价系统的响应速度。工程上，一般利用二阶系统瞬态响应的包络来近似计算调整时间。这样虽然减小了计算量，但是结果比较保守。使用 MATLAB 等软件可以方便地求解系统的阶跃响应，在此基础上可直接得到调整时间。

如图 4-11 所示，当二阶系统阻尼比取为 $\sqrt{2}$ 时，系统的调整时间 t_s 和自然角频率 w_n 的乘积固定为一个常数（约等于 2.96）。可见，由调整时间确定自然角频率即可确定二阶系统的全部参数，进一步可以确定 PI 控制器参数。

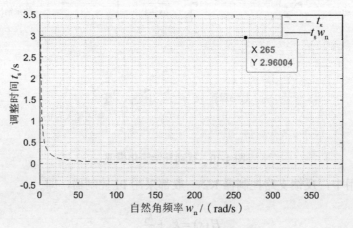

图 4-11　自然角频率和调整时间

值得注意的是，当 $\zeta = \sqrt{2}$ 时，二阶系统的阶跃响应调整时间在"凸峰"前面而不是后面，这是因为此时超调没有超过 5%。可见，二阶系统阻尼比如此取值是比较合适的。

本例的实际背景为电流环的扰动补偿。不考虑系统延迟并且假设交叉耦合电势完美补偿，此时，电机模型即一阶惯性环节，于是可以按照上述方法设计扰动补偿器。直观

地看，扰动补偿器强迫实际系统的输出跟随系统模型的输出。系统模型在软件中运行不受外界干扰，其输出一定会更加理想，从而，在扰动补偿器的作用下，实际系统的输出也会得到改善。

根据经验，扰动补偿器的响应速度需要比控制器的响应速度快很多，一般将其带宽设置为控制器带宽的 5～10 倍。因为扰动补偿器的响应速度更快，所以，在动态调节中，扰动补偿器所起的作用比控制器所起的作用还要大。

4.4 实战之机械谐振抑制

4.4.1 谐振建模分析

因为汽车传动系统存在典型的柔性连接，同时车辆的惯量又远大于电机本身的惯量，所以电动汽车应用（特别是直驱方案）比较容易出现谐振问题。谐振常常出现在电机加/减速过程中，在踩油门或刹车的瞬间，电机转矩指令常常阶跃变化。此时，电机输出转速将会出现不同程度的波动。

汽车传动系统简化二质量谐振模型如图 4-12 所示，该模型主要由车辆机械模型、电机机械模型及两者之间的连接构成。两个机械模型的输入为转矩，输出为转轴位置角度及转速。该模型的传递函数为

$$M(s) = \frac{W_{\mathrm{m}}}{T_{\mathrm{e}}} = \frac{1}{(J_{\mathrm{m}} + J_{\mathrm{L}})s} \cdot \frac{J_{\mathrm{L}}s^2 + k_{\mathrm{f}}s + k_{\mathrm{s}}}{\dfrac{J_{\mathrm{m}}J_{\mathrm{L}}}{J_{\mathrm{m}} + J_{\mathrm{L}}}s^2 + k_{\mathrm{f}}s + k_{\mathrm{s}}} \tag{4-15}$$

式中，J_{m} 和 J_{L} 分别为电机转动惯量与负载（车辆）转动惯量；k_{s} 为转轴刚度系数；k_{f} 为连接器阻尼系数；W_{m} 为输出转速。令 k_{s}=65N/m、k_{f} = 0.1 N·s/m、J_{m} = 0.015kg·m^2、J_{L} = 2.25kg·m^2，得系统幅频响应，如图 4-13 所示。可以看到，系统在 67.5rad/s（约 10.74Hz）处的增益为 19.2dB，此频率附近的信号通过系统时会被放大，从而产生谐振。

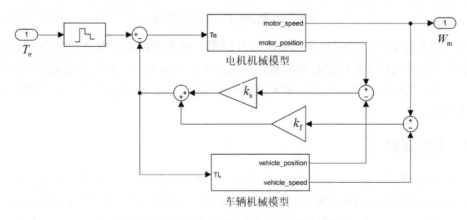

图 4-12 汽车传动系统简化二质量谐振模型

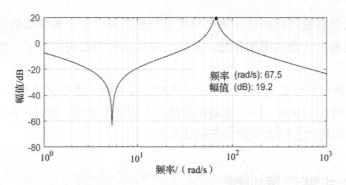

图 4-13　电机-负载机械系统幅频响应

系统的谐振频率为

$$f_\mathrm{r} = \frac{1}{2\pi}\sqrt{k_\mathrm{s}\frac{J_\mathrm{m}+J_\mathrm{L}}{J_\mathrm{m}J_\mathrm{L}}} \tag{4-16}$$

将参数值代入式（4-16）可得谐振频率约为 10.51Hz，与图 4-13 所示的分析结果基本一致。

系统阻尼对抑制谐振有着重要的作用，如图 4-14 所示。如果不存在阻尼，那么谐振将无法消除并且会逐渐发散；相反，阻尼系数越大，谐振消失得越快。尽管系统阻尼很小，但是在建模时不可忽略。

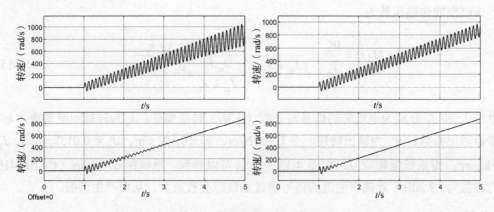

图 4-14　系统阻尼对谐振的影响

工程师有时会混淆谐振频率和电机运行频率，因为谐振常常发生在某个固定的转速上，使人误以为彼时的电机运行频率就是谐振频率。实际上，两者是没有关联的。谐振几乎可以发生在任何转速上，只要机械系统存在谐振点，并且输入中包含对应频率的分量即可产生谐振。

4.4.2　实践案例

如图 4-15 所示，阶跃变化的转矩作用到系统，输出转速在启动阶段、加速阶段均出现明显的波动。启动阶段的谐振是由转矩指令中的谐波分量引起的。加速阶段转矩指令平稳，谐振是由电机实际输出转矩中所包含的谐波转矩分量引起的。转速波动的中心频率约为 11Hz，与系统谐振频率 10.51Hz 非常吻合。

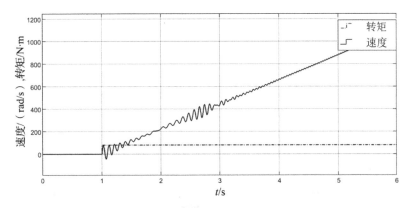

图 4-15　转矩指令和速度波形

　　分析图 4-15 中的速度信号的频谱，如图 4-16 所示。可以看到，10～12Hz 内的谐波分量的幅值显著大于附近其他频率分量的幅值，可以断定系统的确出现了谐振，谐振频率约为 11Hz。

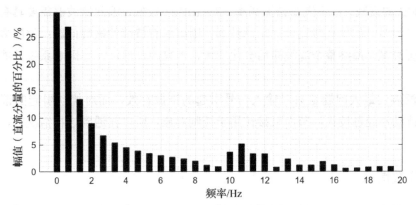

图 4-16　速度信号的频谱

4.4.3　系统校正

　　图 4-17 所示为典型的具有柔性连接机械系统的幅频响应与校正。谐振对系统的影响主要体现在减小了谐振峰值频率附近的稳定裕度和增大了系统中高频增益（尤其在谐振频率附近）两方面。稳定裕度减小导致系统出现明显的振铃效应，中高频增益增大导致系统的抗干扰性能下降，更容易受到扰动的影响。

　　针对谐振的特点，可以很自然地想到对系统进行校正，如图 4-17 中的虚线所示。如果能减小系统在指定频率范围内的增益，并重新配置系统穿越 0dB 线的斜率与频率，那么谐振问题将迎刃而解。这里可以使用陷波器、低通滤波器进行校正。

　　陷波器在指定频率点的衰减倍数较高并且不会对其他频率造成明显的相位滞后，性能十分优越。如果谐振的频率响应足够狭窄并且谐振边缘增益较小，那么适宜使用陷波器对系统进行校正。在实际应用中，谐振频率往往不是固定的，这意味着需要单独调试每台机器，工作量太大。有时随着时间的流逝，机器的谐振频率可能会发生变化，这也限制了陷波器的使用。

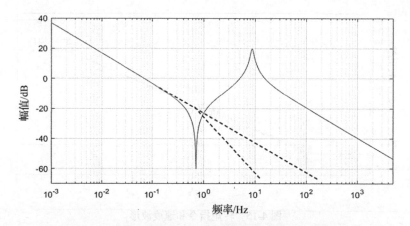

图 4-17　典型的具有柔性连接机械系统的幅频响应与校正

图 4-17 中的谐振频率范围较宽，更适合使用低通滤波器。抑制谐振要求滤波器提供足够的衰减，如图 4-17 所示，在谐振频率附近需要提供-60dB 的衰减，在其他频率处需要提供至少 40dB 的衰减。由于汽车谐振频率（8～10Hz）较低，因此滤波器需要具有狭窄且快速下降的过渡带。如果直接设计高阶滤波器，则可能有持续的振铃问题；使用多级滤波器串联实现强衰减，最终整个滤波滞后会比较大，带来的延迟可能会影响系统性能并损害驾乘体验。

低通滤波的最大问题是只对输入信号引起的谐振有效，而对扰动引起的谐振无能为力。因为扰动不经过校正环节而直接作用于控制对象，所以在遇到这种情况时，必须增加扰动补偿。

4.4.4　等效惯量

谐振问题主要是由电机转动惯量与负载转动惯量不匹配引起的，即电机惯量相对于负载转动惯量过小，电机迅速响应之后，负载往往还在缓慢加速过程中，两者的不同步导致抖动。基于此，在系统设计阶段，可以对负载转动惯量提出一定的要求。例如，一些要求快速响应的伺服系统常要求负载转动惯量不超过电机转动惯量。另外，还可以增加减速箱以减小负载的"视在惯量"，减速比为 N 的减速箱可使折算之后的负载转动惯量变为原来的 $1/N^2$，这增大了电机转动惯量与负载转动惯量的比值，因此对谐振抑制有很大的帮助。

对于系统方案已经确定的情形，可以通过引入加速度反馈的方式来等效地增大电机转动惯量。顾名思义，加速度反馈就是将加速度以负反馈的方式引入转矩或电流指令中。这样，在电机加/减速过程中，转矩指令就会得到不同程度的削弱，从而使电机加/减速更加平缓，看起来就像增大了电机转动惯量一样。

如图 4-18 所示，I_c 为电流指令，I_{comp} 为加速度反馈对应的补偿电流，$G_{pc}(s)$ 为功率变送器的传递函数，$G_{PI}(s)$ 为反馈支路控制器的传递函数。电流指令叠加补偿值后经功率变送器产生实际的转矩电流 I_T，乘以转矩常数 K_T 产生转矩。在转矩作用下，电机运动状态改变，输出转速和角度连续变化。状态观测器比较观测角度和实测角度并由偏差得到加速度修正量，送往状态观测器积分输入端。电流 I_T 经增益 k_1 给到状态观测器积分输入端，这里实际上是加速度的一个先验估计值。该值乘以一个可调系数后反馈给指令信号，调试时可以依据实际情况调节系数的大小以达到最佳效果。

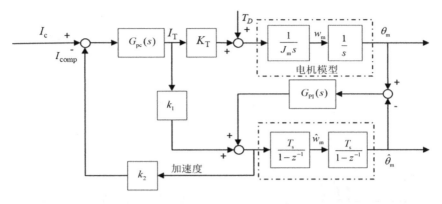

图 4-18　加速度反馈系统框图

增益 k_1 应满足

$$k_1 = \frac{K_T}{J_m}$$

在实际应用中，这些参数的准确值较难获得，但是影响并不太大，因为反馈支路控制器输出能够对先验估计值的偏差进行补偿，从而总体上仍然能获得比较准确的加速度观测值。

图 4-19 所示为加速度观测仿真结果。可以看到，速度信号波动频率和幅值较高（大）的位置对应的加速度幅值比较大。速度比较平稳或波动频率较低时，加速度幅值较小但波动频率较高。在图 4-19 中，状态观测器的带宽比较小，输出信号连续并且比较平滑，如果将带宽调大，那么输出信号将出现比较大的毛刺。

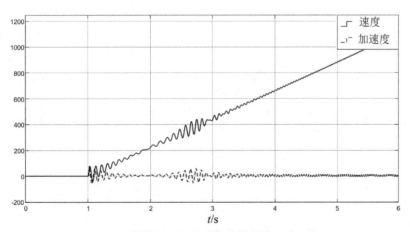

图 4-19　加速度观测仿真结果

计算加速度也可以采用先对速度求微分再做低通滤波的方法，与龙伯格观测器相比，使用微分计算加速度相对简单一些。受信号分辨率和噪声的影响，对速度进行微分得到的原始加速度信号为一系列脉冲信号（看起来和 PWM 波有些类似），不滤波无法直接使用。

加速度信号细节如图 4-20 所示，提取出来的信号能够很好地反映速度波动的趋势，速度上升时，对应加速度估计为正；速度下降时，对应加速度估计为负。信号中的高频分量对电机速度基本上没有影响，但是将这些信号反馈到转矩指令中，可能会使电机产生噪声，需要进一步进行滤波处理。

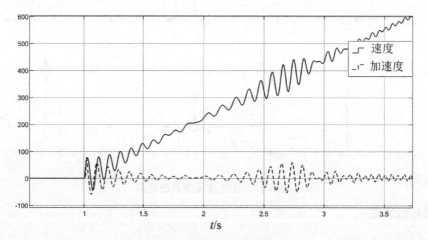

图 4-20 加速度信号细节

实现微分涉及除以采样周期的运算，因为反馈始终要乘以一个常数，所以在编写代码时，只需求得当前两个采样点的速度偏差就可以用于反馈了，不需要真的完成微分运算。

图 4-21 展示了系统引入加速度反馈前后的阶跃响应对比。其中，波动幅度较大的曲线为无任何补偿的原始信号，波动幅度较小的曲线为采用加速度反馈的速度信号，最下方曲线为加速度反馈对应的补偿转矩。可以看到，引入加速度反馈对谐振抑制效果不佳，速度信号在波动幅度和持续时间上都没有明显的改善。

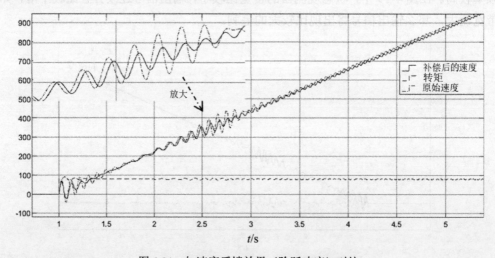

图 4-21 加速度反馈效果（阶跃响应）对比

4.4.5 主动阻尼

系统阻尼过小是导致谐振的另一个原因，因此，增大系统阻尼也可以有效改善系统谐振问题。系统阻尼对速度做出反应，阻碍速度变化，可以将其看作一种基于速度的负反馈。

电动汽车应用不能直接使用速度信号进行反馈，因为在没有速度闭环控制的情况下，这样做会在转矩闭环中引入稳态误差。一种实用的方法是首先提取出速度信号中的抖动分量，然后将其反馈到指令信号中，这样一来，受影响的只限于速度信号中的中高频分量，不会对转矩（电流）指令造成持续影响。因为速度信号中的抖动分量也是速度信号的一部分，所以这里的负反馈作用是针对速度进行的，可以将其看作一种阻尼作用，故这种方法也被称为主动阻尼技术。

使用高通滤波器进行提取，滤波器的差分方程如下：

$$y_n = 0.5095 y_{n-1} + 0.7548(x_n - x_{n-1}) \tag{4-17}$$

式中，输入变量 x 为电机速度；输出变量 y 为滤波输出。可以看到，滤波输出和电机速度的差分有关，本质上属于加速度信号。调整高通滤波器的参数，令 $f_{stop} = 0.2\text{Hz}$、$f_{pass} = 2\text{Hz}$、$A_{stop} = 30\text{dB}$，此时几乎可以完美地将速度信号中的波动分量提取出来，如图 4-22 所示。

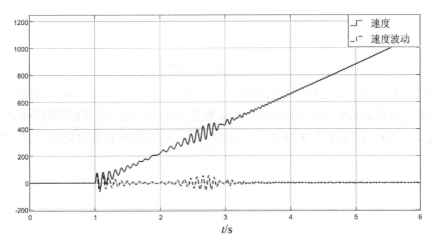

图 4-22 速度波动提取效果

速度波动提取细节如图 4-23 所示，高通滤波器提取出来的信号几乎复刻了原始速度信号的波动，而且两者在时间上也几乎没有滞后。

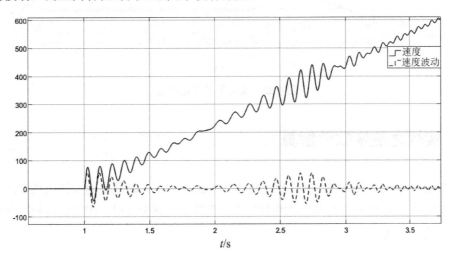

图 4-23 速度波动提取细节

使用主动阻尼进行抖动抑制的效果如图 4-24 所示。可以看到，增加主动阻尼之后，启动阶段的电机速度还是有一定的波动的，但与没有补偿的情况比较，其波动幅度和频率都大为减小（降低），改善效果还是比较明显的。主动阻尼对运行阶段谐振的抑制比较彻底，补偿之后基本上看不到谐振。

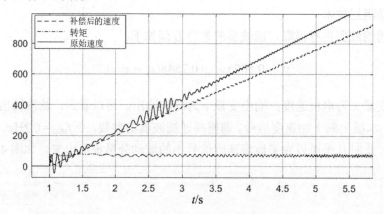

图 4-24　使用主动阻尼进行抖动抑制的效果

主动阻尼对加速性能也有一定的影响，与加速度反馈一样，这是由反馈信号中的低频分量导致的，可尝试通过修改高通滤波器的参数进行优化。将高通滤波器的参数改为 f_{stop} = 0.5Hz、f_{pass} = 2Hz，结果如图 4-25 所示。此时，启动阶段的电机速度更加平滑，综合性能更好。

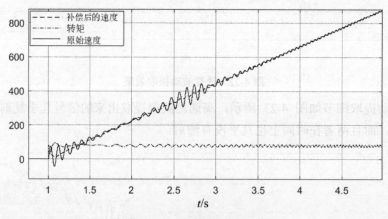

图 4-25　主动阻尼优化对比

4.5　实战之旋变软件解算

旋变是一种通过电磁耦合来检测电角度信号的传感器，旋变将输入初级线圈的交流电压耦合到空间上互差 90°的两组次级线圈上，当转子位置变化时，初级线圈和次级线圈之间的耦合随之变化。

如图 4-26 所示，假设旋变初级线圈和次级线圈之间的变比为 1∶1，即旋变输出电压与初级电压相等。旋变输入信号（激励）为高频交流电压，即

$$V_{in} = V_p \sin wt \tag{4-18}$$

式中，V_p 为输入信号幅值；w 为输入信号角频率；t 为时间。旋变次级输出为两路被旋变位置信号调制过的正弦信号（θ 为旋变角度），即

$$\begin{cases} V_{cos} = V_p \sin wt \cos \theta \\ V_{sin} = V_p \sin wt \sin \theta \end{cases} \tag{4-19}$$

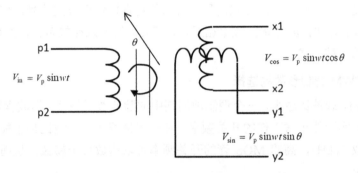

图 4-26　旋变及其信号

旋变输入信号和两路输出信号及包络的波形如图 4-27 所示。很明显，不能直接由输出信号求解旋变角度，需要提取输出信号的包络［式（4-19）中的 $\sin \theta$ 和 $\cos \theta$］，只有这样才可以求解旋变角度。

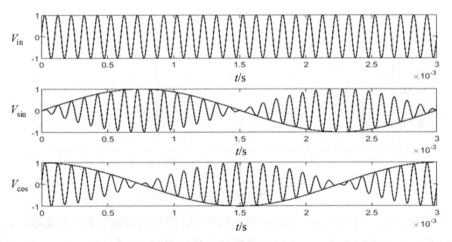

图 4-27　旋变输入信号和两路输出信号及包络的波形

4.5.1　激励信号的生成

常规的解算方案大多使用专用的解算芯片，由解算芯片为旋变提供激励信号。当使用软件解算时，就需要使用 MCU 生成这个交流电压。市面上大多数旋变解算芯片的激励信

号都是差分信号，两路信号均由直流偏置和正弦交流分量构成，其中，直流偏置幅值相等，交流分量幅值相等、相位相差 180°。两路激励信号经差分、放大之后变为不含直流分量的正弦信号，进而驱动旋变初级线圈。

一般旋变要求输入 200mA 左右的电流，这对驱动电路输出信号的幅值和带载能力提出了一定的要求。驱动电流过小会使旋变励磁绕组无法产生足够强的磁场，使旋变磁场容易受到外部磁场的干扰，还会使旋变输出信号的幅值减小，导致信噪比下降。多数旋变有几十欧左右的电阻，故激励信号幅值要有 10V 左右，否则将不足以产生足够大的驱动电流。

MCU 输出正弦信号有两种常见的方式，第一种是首先采用 SPWM 方式输出正弦调制信号，然后通过滤波得到干净的正弦信号；第二种是直接输出方波信号，使用滤波电路将方波滤成正弦波。方波谐波分量的频率相近，对滤波器的要求比较苛刻，实际中使用较少，故这里仅讨论第一种方式。

4.5.1.1 PWM 调制参数的选择

对于 SPWM，载波比越大，一个调制波周期中的脉冲数量越多，谐波含量越少。然而，考虑到开关器件实际能正常工作的开关频率，在一般情况下，载波比都不能太大。旋变激励信号的频率取 10kHz，高速 MOS 管的开关频率可以达数百千赫兹，从而可以设置载波比为十几或几十。

利用 Simulink 建立 SPWM 模型，对载波比 r 取不同值时得到的正弦激励信号做频谱分析，结果表明，载波比取 16 时，总谐波失真 THD 比较小（0.14%），如图 4-28 所示。

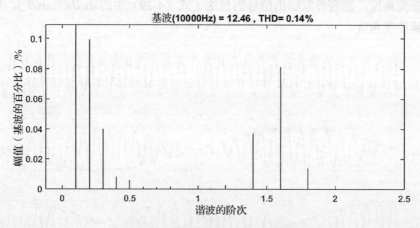

图 4-28 载波比取 16 时的信号频谱

除载波比之外，调制比的大小也会对生成 PWM 信号的谐波分布产生影响。因为调制比越大，输出信号的幅值越大，所以实践中会尽量将调制比取得大一点。同样，通过仿真对调制比分别取 0.1~1 时的 PWM 信号进行频谱分析，结果表明，当调制比取 0.8 左右时，可以得到最小的 THD（0.29%），任何偏离这个最佳值的设定都将使 THD 增大。调制比取 0.8 时的 PWM 信号频谱如图 4-29 所示。

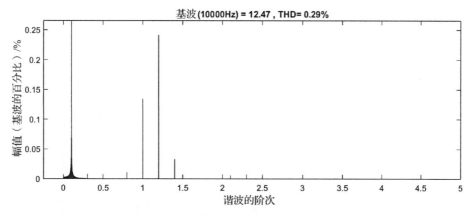

图 4-29 调制比取 0.8 时的 PWM 信号频谱

综上所述，SPWM 方案的载波比定为 16，对应的调制比定为 0.8，如此可使输出正弦波的电压幅值比较大，同时有最小的谐波含量。

4.5.1.2 滤波参数与电路

根据 4.5.1.1 节的结论，取载波比为 16，调制比为 0.8，以使生成的 PWM 信号的 THD 最小。此时，SPWM 信号频谱如图 4-30 所示。

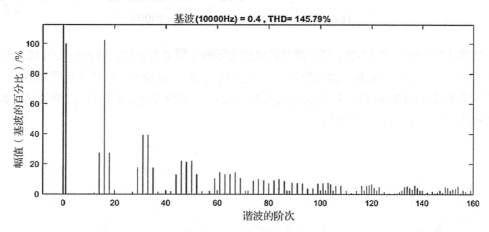

图 4-30 SPWM 信号频谱

可以看到，SPWM 信号主要包含 r、$r\pm2$，$2r$、$2r\pm1$、$2r\pm2$，以及 $3r$、$3r\pm3$、$3r\pm4$ 等阶次的谐波分量。这些谐波谱线一簇簇地出现在频谱上，簇与簇之间的谐波幅值小到可以忽略不计。SPWM 信号中的 16 次谐波幅值和基波幅值基本相等，导致 THD 达到惊人的 145.79%。

虽然 SPWM 信号的 THD 很大，但要得到比较理想的正弦波并不困难。如图 4-31 所示，在 1～14 倍基波频率的频段上，谐波幅值非常小，对信号几乎没有影响。对比方波频谱，可以认为正弦波调制起到了类似噪声成型的作用，即将低频噪声转移到了高频段。SPWM 信号中比重较大的高次谐波的阶次自 14 开始，谐波频率超过基波频率的 14 倍，因此很容易设计滤波器将谐波充分抑制，同时保证不对基波造成显著影响。对于无法通过低通滤波消除的直流偏置，可以通过差分电路轻易将其消除。

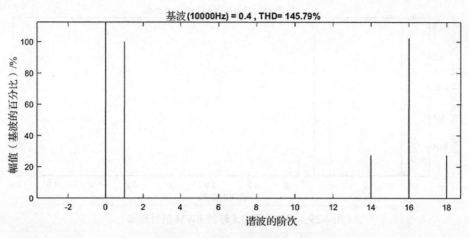

图 4-31   PWM 低次谐波分布

按照上述思路设计三阶巴特沃斯滤波器，如式（4-20）所示，设计滤波器的截止频率约为 10kHz，过渡带增益减小速率为-60dB/dec，在 14×10kHz 处，预计滤波器可以提供约 60dB 的衰减，足以抑制谐波。

$$G = \frac{1}{(\tau s + 1)(\tau s + 1)(\tau s + 1)} , \quad \tau = \frac{1}{2\pi \times 20000} \tag{4-20}$$

如图 4-32 所示，式（4-20）所示的滤波器的实际截止频率为 6.411×10⁴rad/s（约 10.2kHz），在 8.739×10⁵rad/s（140kHz）频率附近，滤波器的衰减为 50.8dB，可以将此频率的谐波幅值衰减为原来的 0.0029 倍。利用此滤波器对两路互补 SPWM 脉冲进行滤波并使其相减得到正弦激励信号，如图 4-33 所示。

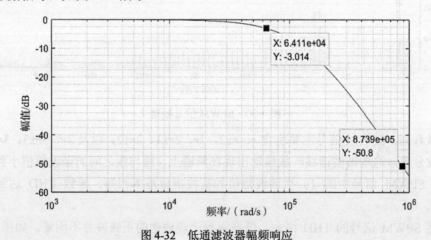

图 4-32   低通滤波器幅频响应

图 4-34 所示为 TI 参考设计提供的一个滤波缓冲电路，两路互补的 PWM 脉冲经此电路滤波、放大之后生成正弦激励信号，驱动旋变初级线圈。

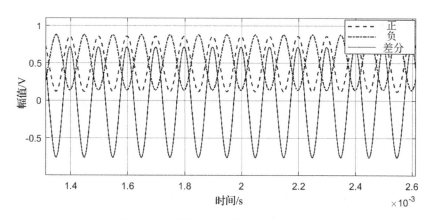

图 4-33 互补 SPWM 滤波及差分结果

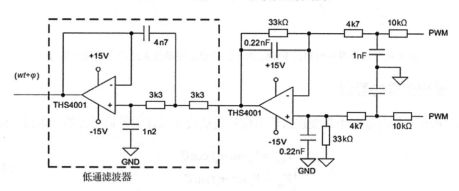

图 4-34 TI 参考设计提供的一个滤波缓冲电路

图 4-34 所示的电路的伯德图如图 4-35 所示。可以看到，其幅频响应和巴特沃斯滤波器的幅频响应比较类似，通带增益十分平稳，约为 13dB（放大倍数约为 4.468）。电路的截止频率约为 $2.4×10^5$rad/s（约 38kHz），截止频率处的相位滞后约为 238°。电路阻带衰减为 80dB/dec，增益减小迅速，在 140kHz 处能提供约 44dB 的衰减。很明显，这个方案比式（4-20）所示的滤波器更合理，因为之前的方案没有放大功能，输出信号的幅值不满足要求。滤波缓冲电路的滤波性能也更优秀，其带宽增加了 3 倍并且阻带衰减更大。

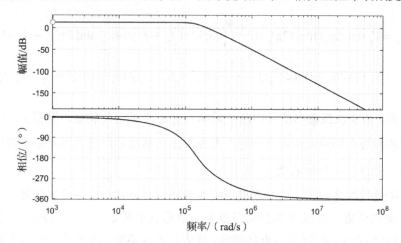

图 4-35 滤波缓冲电路的伯德图

滤波缓冲电路的 PWM 输入信号和滤波器放大后的正弦输出（激励）信号如图 4-36 所示。其中，PWM 信号的幅值为 3.3V，由 MCU 芯片确定；放大后的激励信号的幅值在 11.6V 左右。

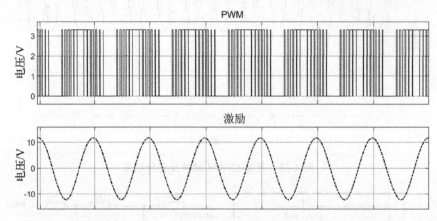

图 4-36　滤波缓冲电路的 PWM 输入信号和滤波器放大后的正弦输出信号

4.5.2　输出信号的解调

如前所述，转动过程中旋变次级输出信号是被旋变位置信号调制过的一系列正弦波：

$$\begin{cases} V_{\cos} = V_p \sin w_p t \cos\theta \\ V_{\sin} = V_p \sin w_p t \sin\theta \end{cases} \tag{4-21}$$

式中，旋变角度 $\theta = w_m t = 2\pi f_m t$；旋变初级线圈输入信号的角频率 $w_p = 2\pi f_p$。此时，式（4-21）可化为

$$\begin{cases} V_{\cos} = V_p \sin(2\pi f_p t) \cos(2\pi f_m t) \\ V_{\sin} = V_p \sin(2\pi f_p t) \sin(2\pi f_m t) \end{cases} \tag{4-22}$$

使用积化和差公式将式（4-22）展开得

$$\begin{cases} V_{\cos} = V_p \sin(2\pi f_p t) \cos(2\pi f_m t) = \dfrac{V_p}{2}\sin[2\pi(f_m + f_p)t] + \dfrac{V_p}{2}\sin[2\pi(f_p - f_m)t] \\ V_{\sin} = V_p \sin(2\pi f_p t) \sin(2\pi f_m t) = -\dfrac{V_p}{2}\cos[2\pi(f_m + f_p)t] + \dfrac{V_p}{2}\cos[2\pi(f_p - f_m)t] \end{cases} \tag{4-23}$$

可以看到，旋变次级输出信号由两个频率为 $f_p \pm f_m$ 的分量构成。很明显，经过调制之后，调制波和载波在频域上纠缠在一起，要提取出调制信号，首先要对信号进行解调。

4.5.2.1　激励信号参考解调

所谓激励信号参考解调，就是指使用旋变激励信号分别与旋变输出信号 $V_{\cos}$ 和 $V_{\sin}$ 相乘以达到解调的效果。实现参考解调最重要的就是获取激励信号，因为原始激励信号在 MCU 中通过软件产生，经过驱动电路滤波、放大后进入旋变初级线圈，所以需要确定驱动电路带来的相位滞后，只有这样，才可以确定旋变初级线圈的激励信号。已知激励信号为

$$v_p = V_p \sin(2\pi f_p t) \tag{4-24}$$

将软件生成原始激励信号时的调制信号定义为

$$v_s = \sin(2\pi f_c t + \alpha) \tag{4-25}$$

式中，$f_c = f_p$ 为调制波频率；α 为调制信号相对于激励信号的相位超前角度。这里说的调制信号是 PWM 调制信号，与旋变位置信号是不同的概念。在实际应用中，v_s 一般以表的形式存储在 RAM 中，软件通过查表来调整 PWM 占空比生成原始激励信号。因为激励信号 v_p 与 v_s 的相位关系是确定的，所以希望将 v_p 也制成表，与 v_s 的表一一对应。软件查表时可以一并获取激励信号用于参考解调。激励信号可以通过测试获得，如式（4-21）所示，旋变静止时，旋变的两路输出信号与激励信号仅在幅值上有所不同，此时采样输出信号并对幅值进行归一化处理即可得到解调信号：

$$v_{de} = \sin(2\pi f_p t) \tag{4-26}$$

进行参考解调处理，以 V_{sin} 为例：

$$V_{sin} \sin(2\pi f_p t) = [V_p \sin(2\pi f_p t)\sin(2\pi f_m t)]\sin(2\pi f_p t) \tag{4-27}$$

将式（4-23）中的 V_{sin} 代入式（4-27）得

$$V_{sin} \sin(2\pi f_p t) = -\frac{V_p}{2}\cos[2\pi(f_m + f_p)t]\sin(2\pi f_p t) + \frac{V_p}{2}\cos[2\pi(f_p - f_m)t]\sin(2\pi f_p t) \tag{4-28}$$

同样，使用积化和差公式将式（4-28）化简为

$$V_{sin} \sin(2\pi f_p t) = \frac{V_p}{2}\sin(2\pi f_m t) + \frac{V_p}{4}\sin[2\pi(2f_p - f_m)t] - \frac{V_p}{4}\sin[2\pi(2f_p + f_m)t] \tag{4-29}$$

可以看到，解调之后信号的频率发生变化，变为 f_m、$2f_p \pm f_m$。解调分离出旋变位置信号，同时提高了混合信号的频率，有利于滤波。V_{cos} 解调后也是一样的：

$$V_{cos} \sin(2\pi f_p t) = \frac{V_p}{2}\cos(2\pi f_m t) + \frac{V_p}{4}\cos[2\pi(2f_p + f_m)t] + \frac{V_p}{4}\cos[2\pi(2f_p - f_m)t] \tag{4-30}$$

综合式（4-27）和式（4-30）得解调后的信号为

$$\begin{cases} x_\alpha = \dfrac{V_p}{2}\cos(2\pi f_m t) + \dfrac{V_p}{4}\cos[2\pi(2f_p + f_m)t] + \dfrac{V_p}{4}\cos[2\pi(2f_p - f_m)t] \\[2mm] x_\beta = \dfrac{V_p}{2}\sin(2\pi f_m t) + \dfrac{V_p}{4}\sin[2\pi(2f_p + f_m)t] - \dfrac{V_p}{4}\sin[2\pi(2f_p - f_m)t] \end{cases} \tag{4-31}$$

　　图 4-37 给出了参考信号直接与旋变的两路输出信号相乘所得的结果。很明显，解调信号的包络线就是与位置相关的调制信号。

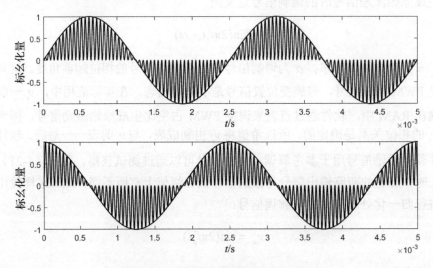

图 4-37　旋变参考解调输出及包络线

　　对解调后的旋变信号做频谱分析，结果如图 4-38 所示。可以看到，信号仅有 3 条孤立的谱线，频率分别为 0.4kHz（400Hz）、20kHz-400Hz=19.6kHz 和 20kHz+400Hz=20.4kHz。其中，400Hz 的基波信号其实是 4 对极旋变以 6000r/min 速度转动时对应的位置变化信号；20.4kHz 信号和 19.6kHz 信号是解调产生的副产品，对解算旋变位置角度没有用处。解调信号的频谱分析结果与解调过程理论分析是一致的。

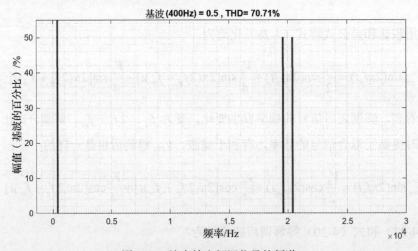

图 4-38　旋变输出解调信号的频谱

　　因为待提取的旋变位置信号与高频分量在频域分布距离较远，所以可以使用合适的低通滤波器来滤除高频分量，得到频率较低的旋变位置信号。考虑到实际应用中的电机速度总是在一定的范围内变化，故还需要考虑可能的速度变化范围内的频谱。图 4-39 给出了旋变速度变化时解调信号的频谱，随着速度的提升，旋变位置信号在频谱上逐渐右移，两个高频分量分别向两个方向逐渐偏离中心频率（20kHz）。

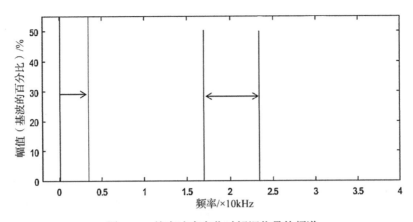

图 4-39　旋变速度变化时解调信号的频谱

考虑极端情况，当旋变位置信号频率和载波频率（参考频率为 10kHz）相等时，图 4-39 中向上扩展的低频分量将会和向下移动的高频分量在 10kHz 处重合。很明显，在这种情况下，以及转速更高时是无法提取出旋变位置信号的，从而理论上旋变位置信号频率以载波频率为上限。在实际应用中，当两个频率分量接近到一定程度时，就会因为低通滤波器难以实现而导致无法提取调制信号，从而使旋变实际跟踪速度远低于理论上限。

假设旋变位置信号的最高频率为 2000Hz，对于一个 4 对极旋变，此频率对应的机械速度可以达到 2000×(60/4)=30000（单位为 r/min），足够满足许多应用需求。据此取低通滤波器的通带频率 f_{pass} = 2kHz、通带衰减 A_{pass} = 1dB，阻带频率 f_{stop} = 16kHz、阻带衰减 A_{stop} = 60dB，其频率响应如图 4-40 所示。

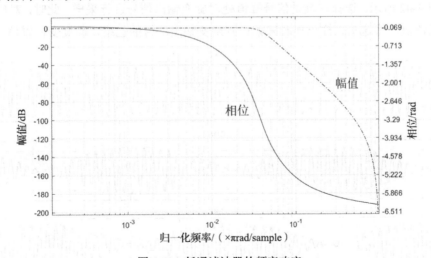

图 4-40　低通滤波器的频率响应

可以看到，低通滤波器的幅频响应通带宽广而平坦、阻带衰减较大，满足设计指标；不足之处是低通滤波器在通带频率 f_{pass} = 2kHz 处的相位滞后比较大，达到约 2rad。低通滤波器引入的滞后会对位置解算产生直接的影响，即解算角度滞后于实际角度，且旋变速度越高，滞后角度越大。图 4-41 展示了滤波提取出来的旋变位置信号（幅值为 0.5 的余弦曲线），波形正弦度良好，但相对于原始信号的包络（幅值为 1 的点画线），其相位滞后明显。

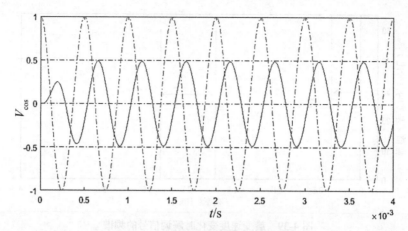

图 4-41   旋变输出信号 V_{cos} 提取

4.5.2.2   降采样解调

理论上，为了不失真地恢复模拟信号，采样频率应该高于或等于模拟信号频谱中最高频率的 2 倍。在实际应用中，一般会采用更高的采样频率，达到甚至高于信号频率的 10 倍。旋变输出信号由频率较高的载波信号和频率较低的旋变位置信号组成，其中，载波信号频率与激励信号频率相同。对旋变输出信号进行采样需要比较高的采样频率。例如，当激励信号频率为 10kHz 时，可以令采样频率为 160kHz。但因为解码旋变角度所需的只有频率较低的旋变位置信号，所以有可能使用更低的频率实现采样，并且直接提取低频旋变位置信号而忽略高频载波信号相关分量。

如图 4-42 所示，选择在激励信号峰值处对旋变输出信号进行采样。此时，对应采样点也都是峰值点，将这些采样点连起来就得到旋变输出信号的包络，即旋变位置信号。

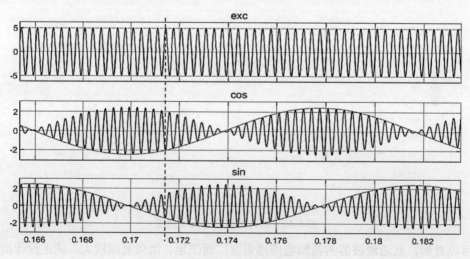

图 4-42   降采样获取解调信号的包络

实际上不一定要在峰值处采样，在其他位置也是可以的，只要保证每个周期采样一次并且位置固定即可。如图 4-43 所示，此时采样点偏离峰值，但是将采样点连起来仍然能得到按正弦规律变化的旋变位置信号，仅幅值有所减小。从信噪比的角度考虑采样点，其越靠近峰值越好。

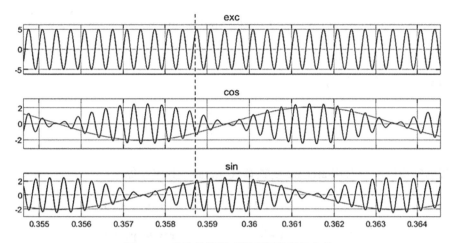

图 4-43　非峰值处降采样解调信号的包络

　　如图 4-44 所示，当速度为 0 时，两路输出信号幅值恒定不变，在峰值处采样得到的旋变输出包络线为两条直线（也可以认为是周期为无穷大的正弦波）。

　　输入信号参考解调的采样频率和对应的解算程序运行频率都远高于降采样解调频率，这样会占用 MCU 大量的计算资源。于是，对于一些计算资源紧张的应用，降采样解调就成为唯一的选择。现实世界资源不足是常态，因此降采样解调的应用更加广泛。

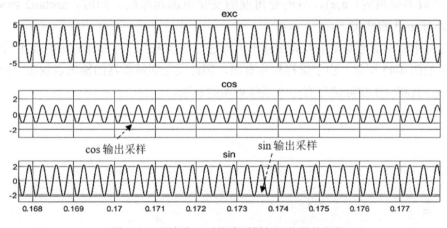

图 4-44　速度为 0 时的降采样解调信号的包络

4.5.3　反正切解算

　　将旋变的两路输出信号进行解调、滤波之后（降采样解调也是一样的），得到两路正交的正弦信号：

$$\begin{cases} V_x = V_{\mathrm{m}} \cos\theta \\ V_y = V_{\mathrm{m}} \sin\theta \end{cases} \tag{4-32}$$

式中，V_{m} 为正交信号幅值；θ 为旋变角度。两路正交的正弦信号相除得

$$\tan\theta = \frac{V_y}{V_x} = \frac{V_m \sin\theta}{V_m \cos\theta} = \frac{\sin\theta}{\cos\theta} \tag{4-33}$$

求反正切即可得到旋变角度，即

$$\theta = \arctan(\frac{V_y}{V_x}) \tag{4-34}$$

在实际应用中，一般用 arctan2 函数替代 arctan，其定义如下：

$$\theta = \arctan2(\frac{y}{x}) = \begin{cases} \pi/2 & (x=0, \ y<0) \\ -\dfrac{\pi}{2} & (x=0, \ y>0) \\ \arctan(y/x) & (x>0) \\ \arctan(y/x)+\pi & (x<0, \ y>0) \\ \arctan(y/x)-\pi & (x<0, \ y<0) \end{cases} \tag{4-35}$$

这是一个以反正切函数为基础的分段函数。常规反正切函数的值域为 $(-\pi/2,\pi/2)$，而 arctan2 函数的值域为 $[-\pi,\pi)$，与旋变角度的变化范围相匹配。同时，arctan2 函数还可以正确处理 $x=0$ 的情形。

先在每个激励信号周期中对旋变输出信号进行一次采样，再计算对应的反正切角度，所得结果如图 4-45 所示。由于采样频率有限，因此反正切解算器的输出表现出"阶梯波"的特点，并且相对于实际信号有一个采样周期的延迟。

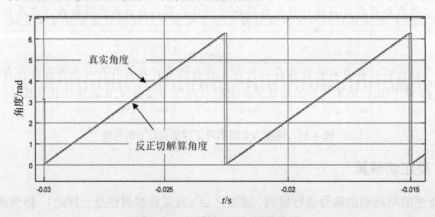

图 4-45 欠采样反正切解算结果

由于仿真刚开始时，第一个采样点的 V_x 和 V_y 都为零，因此求解出来的角度不正确，一个采样周期之后，解算结果便趋于正常。调整采样点可以避免此问题，如图 4-46 所示。

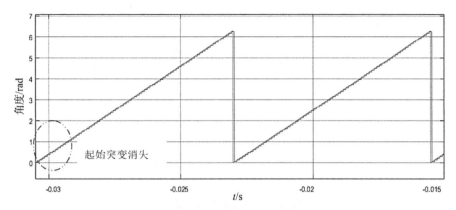

图 4-46 调整采样点后的 arctan2 解算结果

反正切转换是一种开环方案,其原理清晰并且实现起来比较简单。由于输出完全取决于采样值,导致估计角度容易受到随机干扰的影响。另外,反正切转换输出有着固定的相位滞后,在某些响应速度要求特别高的应用中会成为限制系统性能的关键因素。

4.5.4 PLL 跟踪环路解算

如图 4-47 所示,PLL 解算环路主要包含参考解调模块、PI 控制器、积分器与求余模块及反馈支路,为贴近实际应用,所有模块均离散化处理,采样频率设为 160kHz。参考解调模块将旋变位置信号分离出来,并使用估计角度对这一对信号进行变换,将结果作为角度误差送入 PI 控制器。

PI 控制器输出为旋变角速度,对角速度进行积分即得到旋变角度。积分器输出的角度是单调的,但解算模块希望输出周期性角度,故使用 mod 函数对其求余。PLL 跟踪环路可以输出速度信号,这是反正切解算器不具备的。PLL 整个系统为一个二型系统,可以无静差地跟踪速度输入,即当电机速度恒定时,解算器输出旋变位置信号无静差。

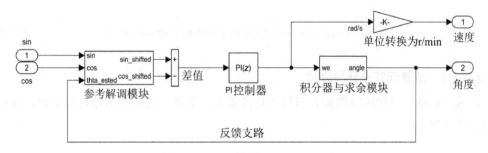

图 4-47 PLL 解算环路

参考解调模块细节如图 4-48 所示,旋变输出 sin 和 cos 信号进入参考解调模块后与参考信号 ref 相乘,并与解算器反馈的角度估计值 theta_est 的正余弦函数相乘得到一对混合信号(sin_shifted 和 cos_shifted)。

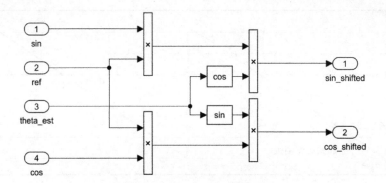

图 4-48　参考解调模块细节

不考虑式（4-31）中的高频分量，解调之后的信号为

$$\begin{cases} x_\alpha = \dfrac{V_p}{2}\cos(2\pi f_m t) = \dfrac{V_p}{2}\cos\theta_m \\[2mm] x_\beta = \dfrac{V_p}{2}\sin(2\pi f_m t) = \dfrac{V_p}{2}\sin\theta_m \end{cases} \tag{4-36}$$

式中，θ_m 为旋变角度。若使用 $\hat{\theta}$ 表示旋变估计角度，则参考解调模块输出的一对混合信号（sin_shifted 和 cos_shifted）为

$$\begin{cases} x_{\text{sin\_shifted}} = \dfrac{V_p}{2}\cos\theta_m \sin\hat{\theta} \\[2mm] x_{\text{cos\_shifted}} = \dfrac{V_p}{2}\sin\theta_m \cos\hat{\theta} \end{cases} \tag{4-37}$$

将两信号相减，可以得到偏差信号：

$$\text{err} = \frac{V_p}{2}\cos\theta_m \sin\hat{\theta} - \frac{V_p}{2}\sin\theta_m \cos\hat{\theta} = \frac{V_p}{2}\sin(\hat{\theta} - \theta_m) \tag{4-38}$$

4.5.4.1　解算环路设计与调试

由式（4-38）可知环路的偏差信号为角度偏差的函数，当角度偏差接近 0 时，正弦函数可以线性化，即

$$\text{err} = \frac{V_p}{2}\sin(\hat{\theta} - \theta_m) \approx \frac{V_p}{2}(\hat{\theta} - \theta_m) = \frac{V_p}{2}\Delta\theta \tag{4-39}$$

于是，设计合适的环路令偏差信号趋近于 0 即可使输出角度收敛于实际角度。

如前所述，解调信号中除旋变位置信号以外，还包含两种频率较高的谐波分量。考虑先对解调信号进行低通滤波得到旋变位置信号，然后设计解算环路对角度进行解算是顺理成章的。但实际上，整个闭环跟踪回路在频域上一定是低通的，能对高频谐波分量形成抑制，此时可以考虑取消低通滤波器，或者适当调整低通滤波器的参数。

审视由 PI 控制器与积分环节构成的子系统：在低频段，系统的幅频响应曲线的斜率为 -40dB/dec，对速度信号的响应无稳态误差，只需有足够的直流增益来保证加速度响应稳态误差满足条件即可；在中频段，系统的幅频响应曲线的斜率为 -20dB/dec，以此斜率穿越 0dB 线可以获得较大的相位裕度；在高频段，系统的幅频响应曲线下降，但其斜率仍然为 -20dB/dec，从抑制高频干扰的角度来看，下降速度不够，需要增加滞后环节进行校正。

初步考虑将解算环路的截止频率定为 1kHz 左右（中频段），令 20kHz 左右的高频谐波分量落于高频段，暂不设计校正环节，考查环路性能是否理想。按照上述思路调试参数，得到系统闭环幅频响应，如图 4-49 所示。系统截止频率为 $1.015 \times 10^4 / 2 / 3.14 \approx 1.6$（单位为 kHz），在 20kHz（约 1.256×10^5rad/s）频率处能提供超过 20dB 的衰减。

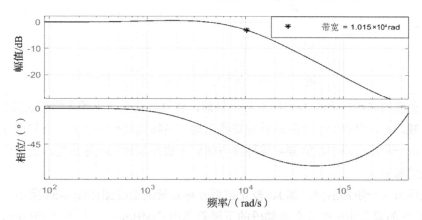

图 4-49 无校正系统闭环幅频响应

使用上述无校正系统解算旋变信号，得到如图 4-50 所示的结果。可以看到，估计角度和估计速度都很平滑，速度信号在一个电角度周期内无超调收敛，过渡时间大约只有 3ms。

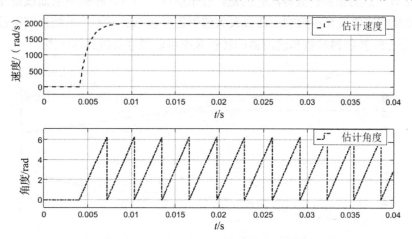

图 4-50 无校正系统解算旋变信号的结果

考查整个过程中估计角度与实际角度之间的偏差，如图 4-51 所示，稳态时，估计角度和实际角度是重合的，仅在起始阶段两者有微小的偏差。注意到，起始阶段的估计角度存在比较明显的波动。

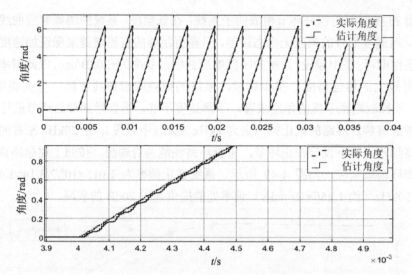

图 4-51　估计角度与实际角度之间的偏差

估计角度的波动频率在 18kHz 左右，目前，解算环路在这个频率附近仅能提供 20dB 左右的衰减，可以设计一个一阶滞后滤波器以提升高频谐波抑制能力。与常规方案不同的是，这里将一阶滞后滤波器放到解算环路内部而不放在其输入或输出处，这样可以消除滤波器带来的滞后。

校正环节（一阶滞后滤波器）、校正前后开环系统的伯德图如图 4-52 所示。增加滤波器之后，系统的幅频响应曲线在高频段的下降斜率由-20dB/dec 增大到-40dB/dec，在 20kHz 频率（约 1.256×10^5rad/s）处，衰减由 20dB 增大到 50dB 左右，对高频分量的抑制能力得到很大提升。校正环节在其转折频率（约 1.28×10^4rad/s）处引入约 45° 的相位滞后，对系统相位裕度有一定的损害。值得注意的是，校正后开环系统的相频响应曲线是先上升后下降的，当幅频响应曲线在相频响应曲线最大值附近穿越 0dB 线时，系统会获得最大相位裕度，通过优化 PI 控制器参数和滤波器的转折频率可以很容易做到这一点。

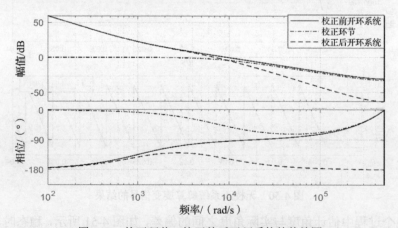

图 4-52　校正环节、校正前后开环系统的伯德图

对比校正前后闭环系统的伯德图，如图 4-53 所示，校正后闭环系统高频段增益减小明显，但是也带来更大的相位滞后。中频段出现了明显的凸峰，系统阶跃响应超调会有所增

大。校正前后截止频率变化很小，而低频段则基本没有改变。

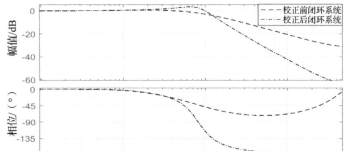

图 4-53　校正前后闭环系统的伯德图

对比校正前后系统的阶跃响应，如图 4-54 所示。显然，幅频响应中频段出现凸峰后，系统的阶跃响应超调显著增大（达到约 25%）。由于第一个"波峰"过后，响应立即进入终值 105%范围以内，故校正后系统的调整时间相对校正前更短。阶跃响应偏差消除时间比较长，大约需要 2.5ms，这是由积分作用偏弱导致的。增加一阶滞后滤波环节后，估计角度在稳态时仍然与实际角度重合，在过渡过程中，高频波动消失，估计角度仅围绕实际角度波动两次即完全收敛于实际角度，如图 4-55 所示。

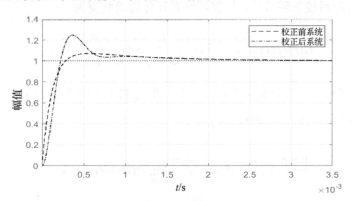

图 4-54　系统校正前后阶跃响应对比

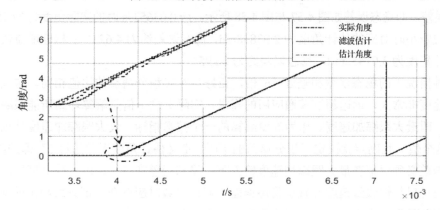

图 4-55　校正前后估计角度细节对比

将积分增益 k_i 增大为原来的 2 倍，与未调整之前系统的阶跃响应进行对比，如图 4-56 所示。积分增益加倍之后，调整时间由 2.5ms 缩短到 1.5ms，响应速度提升 40%。超调由 25% 上升到 35%，增加也比较明显。

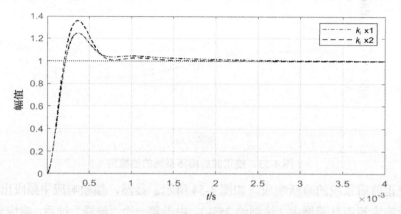

图 4-56　积分增大 k_i 增大前后系统的阶跃响应

增大积分增益还会减小系统的加速度信号跟踪误差。跟踪环路为 II 型系统，当输入为阶跃信号和斜坡信号时，输出无稳态误差，稳态时，估计角度与实际角度重合；当输入为加速度信号时，存在稳态误差，估计角度与实际角度始终有偏差，这个偏差的大小与积分增益有关。加入滞后校正环节后，解算环路开环传递函数变为

$$G(s)H(s) = (k_p + \frac{k_i}{s}) \cdot \frac{1}{s} \cdot \frac{k_r}{s + k_r} = k_i \frac{k_p/k_i s + 1}{s^2(1/k_r s + 1)} \tag{4-40}$$

式中，$1/k_r$ 为滞后校正环节时间常数；k_p、k_i 分别为 PI 控制器的比例增益和积分增益。当输入为单位加速度信号时，稳态误差为

$$\lim_{s \to 0} s \cdot \frac{1}{1 + G(s)H(s)} \cdot \frac{1}{s^3} = \frac{1}{\lim_{s \to 0} s^2 G(s)H(s)} = \frac{1}{k_i} \tag{4-41}$$

很明显，积分增益越大，稳态误差越小。取加速度为 100000(r/s)/s² 进行测试，稳态时的角度误差，即稳态误差如图 4-57 与图 4-58 所示。$t = 0.036525$s 时的实际角度为 3.01967rad，积分增益较小时对应的估计角度为 2.93898rad，稳态误差约为 4.623°；积分增益较大时对应的估计角度为 3.01452rad，稳态误差约为 0.295°。

两种情况下的稳态误差相差近 16 倍，正好与对应积分增益的比值相同。这里测试使用的加速度非常大，远远超过普通应用的需求，实际上这个值是解算环路所能跟踪的最大加速度，即最大跟踪加速度。作为旋变解算的一个技术指标，最大跟踪加速度是预先定义好的，这个值一旦确定就决定了积分增益的下限。定义估计角度误差超过 5° 即跟踪失败，即积分增益必须保证在最大跟踪加速度输入下，稳态误差在 5° 以内。综上可知，较大的积分增益可以加快收敛速度并减小稳态误差，调试参数时应该在保证系统稳定的前提下，使积分增益尽可能大。

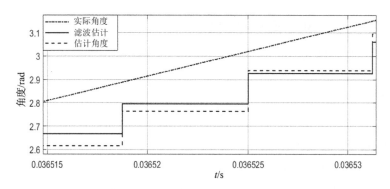

图 4-57　积分增益较小时的稳态误差

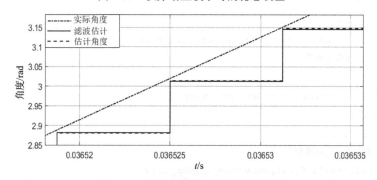

图 4-58　积分增益较大时的稳态误差

与反正切解算器相比，PLL 解算环路还有一个优点，就是能够直接得到速度信号。由 PLL 解算环路的结构可知，PI 控制器的输出经积分后为角度，因此 PI 控制器的输出即角速度。引入一阶滞后校正环节之后，PI 控制器的输出经过滤波后进入积分器，即滤波器输出为滤波后的角速度。对 PI 控制器而言，当输入偏差为 0 时，比例控制输出也为 0，此时，积分部分输出即 PI 控制器的整体输出。于是，可以取 PI 控制器的积分部分为解算速度。

以上 3 个速度如图 4-59 所示。可以看到，积分部分输出最为平滑，并且没有超调。PI 控制器的输出波动最大，超调达到惊人的 500%。PI 控制器的输出经过滤波之后仍然有比较大的波动，超调在 50% 以上。很明显，将积分部分输出作为解算速度输出到其他模块（如电机的速度控制器）中是合适的。这样，输出速度更加平滑并且无须额外设计滤波器。也可以选择滤波器输出作为解算速度，由其他模块自己做进一步处理。

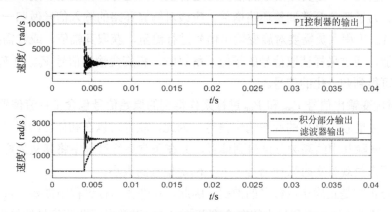

图 4-59　不同解算速度信号

PLL 解算环路设计分析主要代码及参数如下：

```
%采样周期及 PI 控制器参数设置
hold on
Ts = 1/160000;
kp = 12000;
ki = 12000*2000;
%PI 控制器和积分环节的离散传递函数
num_pi = [kp+ki*Ts -kp];
den_pi = [1 -1];
num_i = Ts*[1 0];
den_i = [1 -1];
sys_open = tf(conv(num_pi,num_i),conv(den_pi,den_i),Ts);
%校正环节的离散传递函数
kr = 1800*2*3.14;
a = kr*Ts;  % digital angular frequency
d = [1 a-1];
lpf = tf([a 0],d,Ts);
%求系统整体的开环传递函数
num = conv(conv([a 0],1),conv(num_ip,num_i));
den = conv(conv(d,1),conv(den_pi,den_i));
sys_open1 = tf(num,den,Ts);
g = feedback(sys_open1,1); % 负反馈为1，正反馈为+1
%求系统特征
w = logspace(0,log10(80000*2*pi),10000);
bode(g,w);
margin(sys);
step(g);
```

4.5.4.2　旋变输出信号预处理

由式（4-38）可知，解算环路偏差信号大小与旋变激励信号的幅值成正比，即在相同条件下，激励信号的幅值越大，偏差信号越大。4.5.4.1 节中在设计 PLL 解算环路时，默认偏差信号的幅值为 1，当实际信号的幅值与之有较大偏差时，在上述参数下，系统可能无法正常工作。为了避免频繁调整环路增益，应该对解算环路的输入信号做归一化处理，使其幅值总为 1。工程人员需要对旋变输出信号进行测量，获取其幅值，或者需要实现所谓的自学习功能，通过采样获取信号的幅值。解算时，将旋变输出信号 $V_{\cos}$ 和 $V_{\sin}$ 的采样值除以幅值即可得到归一化的信号。

MCU 对旋变输出信号 $V_{\cos}$ 和 $V_{\sin}$ 进行采样得到的原始信号包含了直流偏置，只有将直流偏置去掉，才能获得真正的旋变输出信号。为此，软件可以在初始化阶段分别采样 $V_{\cos}$ 和 $V_{\sin}$ 信号，滤除其中的高频分量得到偏置，并在正常运行过程中将其从采样值中减掉。也可以由工程人员观察实时采样信号，人工确定偏置的大小。

旋变信号正常是正确实现解算的前提，因此，软件在运行过程中需要保持对旋变信号的实时监控，保证其最大值和最小值在合理范围之内，以及保证两路信号始终保持正交等。

当信号出现异常时，解算模块能够及时发现并给出诊断信息。

4.5.4.3　模型离散化与代码编写

对系统开环传递函数［式（4-40）］的结构进行调整，将积分增益提出来，得

$$G(s)H(s) = k_{\mathrm{i}} \cdot \frac{1}{s} \cdot \frac{k_{\mathrm{p}}/k_{\mathrm{i}}s + 1}{1/k_{\mathrm{r}}s + 1} \cdot \frac{1}{s} \tag{4-42}$$

调整后的系统由一个比例环节（PI 控制器的积分增益）、两个积分环节及一个超前滞后环节构成。系统输出为角度信号，故式（4-42）右起第一个积分环节的输入为角速度信号。因为超前滞后环节主要在中频段起作用，稳态时增益为 1，所以其输入也可以看作角速度。比例环节的输出为角加速度信号。

在此结构下，积分环节输出的速度信号已然十分平滑，无须经过滞后环节进行滤波，而比例环节输出的加速度信号则含有大量噪声，故将超前滞后环节移到积分环节前面，得

$$G(s)H(s) = k_{\mathrm{i}} \cdot \frac{1}{1/k_{\mathrm{r}}s + 1} \cdot \frac{1}{s} \cdot (k_{\mathrm{p}}/k_{\mathrm{i}}s + 1) \cdot \frac{1}{s} \tag{4-43}$$

式中，比例环节输出经过滤波之后得到相对比较平滑的加速度，可以直接输出给其他模块。滤波后，加速度信号经过积分环节得到的速度信号经过超前环节，高频分量被放大，从而保证后续进入积分器形成的角度信号不会明显滞后。由于积分器本身具有低通作用，因此输出角度并不会受到高频分量的影响。

将模型离散化，积分环节使用一阶后向差分，从而有

$$\frac{1}{s} = \frac{T_{\mathrm{s}}z}{z - 1} = \frac{T_{\mathrm{s}}}{1 - z^{-1}} \tag{4-44}$$

滞后环节和超前环节使用一阶后向差分，有

$$G_{\mathrm{lag}} = \frac{1}{1/k_{\mathrm{r}}\frac{1 - z^{-1}}{T_{\mathrm{s}}} + 1} = \frac{k_{\mathrm{r}}T_{\mathrm{s}}}{1 + k_{\mathrm{r}}T_{\mathrm{s}} - z^{-1}} \tag{4-45}$$

$$G_{\mathrm{lead}} = k_{\mathrm{p}}\frac{1 - z^{-1}}{k_{\mathrm{i}}T_{\mathrm{s}}} + 1 = \frac{k_{\mathrm{p}} + k_{\mathrm{i}}T_{\mathrm{s}} - k_{\mathrm{p}}z^{-1}}{k_{\mathrm{i}}T_{\mathrm{s}}} \tag{4-46}$$

经离散化处理后得

$$G(z)H(z) = k_{\mathrm{i}}\frac{k_{\mathrm{r}}T_{\mathrm{s}}}{1 + k_{\mathrm{r}}T_{\mathrm{s}} - z^{-1}} \cdot \frac{T_{\mathrm{s}}}{1 - z^{-1}} \cdot \frac{k_{\mathrm{p}} + k_{\mathrm{i}}T_{\mathrm{s}} - k_{\mathrm{p}}z^{-1}}{k_{\mathrm{i}}T_{\mathrm{s}}} \cdot \frac{T_{\mathrm{s}}}{1 - z^{-1}} \tag{4-47}$$

由式（4-47）可以确定 PLL 的计算过程。

（1）提前计算滤波器系数：lpf1$= k_{\mathrm{r}}T_{\mathrm{s}}/(1+k_{\mathrm{r}}T_{\mathrm{s}})$、lpf2$=1/(1+k_{\mathrm{r}}T_{\mathrm{s}})$、hpf2$=1+k_{\mathrm{p}}/k_{\mathrm{i}}T_{\mathrm{s}}$、hpf1$=k_{\mathrm{p}}/k_{\mathrm{i}}T_{\mathrm{s}}$。

（2）计算加速度：$i_k = k_{\mathrm{i}}\mathrm{error}(k)$。

（3）滞后滤波，输出加速度信号：$a_k = \mathrm{lpf1}\cdot i_k + \mathrm{lpf2}\cdot a_{k-1}$。

（4）第一个积分：$v_k = v_{k-1}+a_kT_{\mathrm{s}}$（输出速度信号）。

（5）超前处理：$x_k = v_k\cdot\mathrm{hpf2}-v_{k-1}\cdot\mathrm{hpf1}$。

（6）第二个积分：$p_k = p_{k-1}+x_kT_{\mathrm{s}}$（输出估计角度）。

需要提前计算 4 个系数，即 lpf1、lpf2、hpf1、hpf2；还需要存储 3 个变量，即 a_{k-1}、v_{k-1}、p_{k-1}，其中后两个变量是需要输出的变量。核心代码如下：

```
    rdc.input.sin = ADC_RegularResolverSinCosInput[0] - rdc.input.sin_offset; //减去
直流偏置
    rdc.input.cos = ADC_RegularResolverSinCosInput[1] - rdc.input.cos_offset;

    rdc.dmdl.demodulated_cos = rdc.input.cos * rdc.excite.demodulate;        //参考解调
    rdc.dmdl.demodulated_sin = rdc.input.sin * rdc.excite.demodulate;

    // 同时计算 sin 和 cos 值, input range: 0-2*pi
    sincos(rdc.output.angle,&rdc.dmdl.sin_theta,&rdc.dmdl.cos_theta);

    // 计算偏差(x_real-x_hat)
    rdc.dmdl.err =    rdc.dmdl.cos_theta * rdc.dmdl.demodulated_sin
                    - rdc.dmdl.sin_theta * rdc.dmdl.demodulated_cos;
    rdc.output.we_raw += rdc.dmdl.err * rdc.process.k1;
    rdc.output.we      = rdc.process.lpf2*rdc.output.we_raw +
rdc.output.we*rdc.process.lpf1;

    rdc.output.we_hpf = rdc.output.we*rdc.process.hpf2 -
rdc.output.we_last*rdc.process.hpf1;
    rdc.output.angle  += rdc.output.we_hpf*rdc.process.Ts;
    //输出限幅
    if(rdc.output.angle > TWO_PI) rdc.output.angle = rdc.output.angle - TWO_PI;
    else if(rdc.output.angle < 0) rdc.output.angle = rdc.output.angle + TWO_PI;

    rdc.output.we_last = rdc.output.we;
```

4.5.5 性能测试

4.5.5.1 阶跃响应

测试方案： 分别将旋变角度调至 0、60°、120°、180°、240°、300°，复位软件，重新运行，采集解算模块输出值并进行分析。

测试结果：不同旋变角度的阶跃响应如图 4-60 所示，每个位置对应的结果都有较大的超调，过渡趋势一致，但越靠近 180°，响应速度越慢。

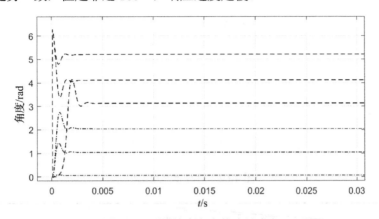

图 4-60　不同旋变角度的阶跃响应

理论上，输入 180° 时没有误差输入环路，即环路无法从 0 跟踪 180° 的输入，从而 179° 成为可用的最坏的输入情形之一，常以此来评估解算器的动态性能。

179° 输入的阶跃响应如图 4-61 所示，其中 3 条曲线基本重合，分别对应 3 次测试。可以看到，179° 输入下的解算器建立时间不超过 5ms，与 AD2S1205 接近。

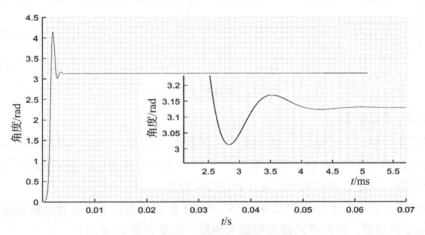

图 4-61　179° 输入的阶跃响应

4.5.5.2　速度响应

转速恒定时的电机转子角度为速度的函数，解算器速度响应如图 4-62 所示。可以看到，两种解算器都能很好地跟踪实际角度，但细微之处略有差别。对比速度响应起始阶段，可以看到反正切解算器的输出始终滞后实际信号半个采样周期，而 PLL 解算器的输出角度则能在耗费一定的时间之后跟随实际信号。后者在暂态过程中有跟踪误差并且有一定的超调，但是稳定之后，误差和滞后都比较小。

PLL 解算器的优势之一在于相位滞后小，如图 4-63 所示，其输出角度滞后明显小于反正切解算器，几乎达到与实际信号同步的效果。

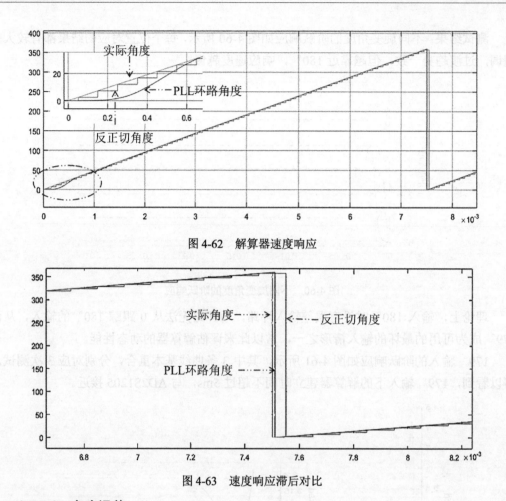

图 4-62　解算器速度响应

图 4-63　速度响应滞后对比

4.5.5.3　角度误差

测试方案：测试 0～360° 一共 360 个点的数据，得到 0～360° 内的绝对误差、相对误差及最大误差。在 Demo 板上完成本方案与 TI 方案的对比测试，可以得到两种方案的偏差，这个偏差可以用来评估两个方案性能的接近程度。

测试结果：在工装上分别测试 0～359° 时 TI 解算角度和本解算器的输出角度，每个点测试 1000 组数据，得到平均偏差和最大偏差，结果如图 4-64 所示。

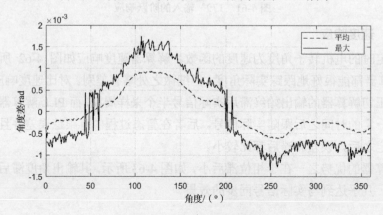

图 4-64　对比 TI 偏差测试

测试结果表明，在整个测试范围内，两者偏差非常小，最大偏差不超过 0.0016rad，约 5.5 弧分，考虑到专用芯片 AD2S1205 的分辨率才±11 弧分，故可以认为这个偏差可以忽略不计。

4.5.5.4　解算精度

测试方案：选取一组位置（每 60° 一组），分别得到 12 位分布直方图（取 30000 个点），确定精度位数。

测试结果：表 4-1 所示为某次测试 12 位解算分布结果，其给定角度不是精确的，仅仅是手动转动电机转子，使输出角度接近给定角度。

表 4-1　某次测试 12 位解算分布结果

角度给定/（°）	分布点（12 位）	分布概率/%
0	44	100
60	678	97.2
	679	2.8
120	1329	0.21
	1330	9.04
	1331	90.75
180	2044	0.14
	2045	99.86
240	2681	3.35
	2682	96.65
300	3394	25.59
	3395	74.41

可以看到，6 组测试中仅给定角度接近 0° 时可以保证 12 位的精度，在其他情况下，有 2～3 个分布点，精度只能到 10 位或 11 位。在不接近 0° 时，还是有很多点有 12 位的精度的，只不过分布没有那么密集，需要多次微调才能找到。

现在涉及一个标称值确定的问题，TI 文档标称有 12 位的解算精度，但是测试发现，在 300° 左右，同样有 2 个分布点。ADI 应用手册说明精度定义时援引了角度为 70° 时的 12 位、16 位分布直方图，也不保证每个角度都有 12 位的精度。可见，在一定的测试环境下，大部分位置能达到的精度就可以作为标称精度，不必保证所有位置都达到。

4.5.5.5　代码运行速度

本方案代码执行仅需 151 个指令周期，其与 TI 方案在执行速度上的对比如表 4-2 所示。

表 4-2　执行速度上的对比

	执行时间/指令周期	备注
TI 方案	(15×122+424)/16 = 141	TI 方案采用抽样的方式计算角度，即采样 16 个点计算一次输出角度，计算输出时耗时 424 个指令周期，仅采样时为 122 个指令周期
本方案	151	

比较而言，TI 方案平均耗时比较少，但是在计算输出的那一拍耗时较长；本方案耗时固定，并且仅比 TI 方案平均耗时多 10 个指令周期。

如果将电机控制算法与角度输出放在同一拍，那么 TI 方案的耗时就显得有些长，即便控制芯片执行得过来，也应该尽量避免。一个可行的替代方案是将电机控制算法放到下几拍中，彼时角度已计算完毕，只需额外计算补偿角度即可。考虑到角速度是现成的，补偿角的计算很容易实现，初步估计不会超过 15 个指令周期。采用错峰补偿的用法，TI 方案的耗时将会略短于本方案的耗时，缺点是增加了系统的复杂性，给用户带来额外的工作量。

4.5.5.6 分辨率与跟踪速度

分辨率是指传感器"分辨"被丈量的物理量的变化的能力。假如输入量从某个值缓慢地改变，当改变量未超越某一数值时，传感器的输出不会发生改变，即传感器对此输入的改变是分辨不出来的。只有当改变量超越分辨率时，传感器的输出才会发生改变。

在解算精度为 12 位的情况下，转过 $0° \sim 360°$ 会有 2^{12} 个输出值，即分辨率为 12 位。旋变转动起来之后情况会变得复杂一些，因为解算器更新的速度是有限的。例如，以 160kHz 的频率进行更新，如果要保证旋变转过 $0° \sim 360°$ 最少能输出 4096 个值，那么速度不能超过 40r/s。40r/s 的跟踪速度是远远无法满足实用要求的，专用芯片解决此问题的方法是提高采样频率（8.192MHz）。此时，使用 MCU 软件解算不可能再提高采样频率，一方面，许多芯片的模拟采样速率只有 1MHz 左右；另一方面，解算软件必须将自己消耗的计算资源限制在一定的范围内，否则其他功能将受到影响，甚至完全无法实现。

软件解算毕竟不是专用传感器，高速时不能够分辨较小的角度变化也无可厚非，只要能跟随实际速度输出角度无误差即可。最大跟踪速度的标称上以不影响控制为准绳，不必对标解算芯片的标准。如果不考虑分辨率，那么解算器能跟踪的速度是非常高的。在加速温和（5000r/s²）的条件下进行实验，如图 4-65 所示，解算误差始终稳定于 0.25°，即便速度达到 50000r/s 仍是如此。

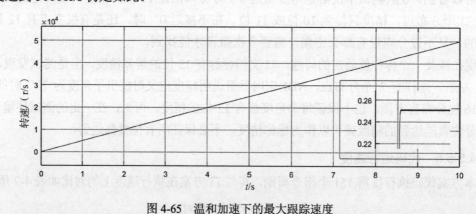

图 4-65　温和加速下的最大跟踪速度

4.6　实战之 IGBT 的 PN 结结温估算

IGBT（绝缘栅双极型晶体管）因可控性好、功率等级高而得到广泛应用。在几乎所有的应用场合中，IGBT 的散热都是一个关键性的问题：发热过多、散热不及时可能导致

IGBT 的 PN 结结温超过限定值，使 IGBT 寿命缩短、失效率上升，甚至直接导致 IGBT 损坏而引发严重事故。因此，对 IGBT 的 PN 结结温进行实时监控，及时采取保护措施十分必要。

目前，最常见的方案是使用温度传感器测量 IGBT 的温度，因为无法将传感器放到器件内部，所以一般只能测量 IGBT 外壳或与外壳相连的散热器的温度。如此，测量温度相对于 PN 结结温会有比较大的滞后和偏差，在实现保护和功率限制时，大多根据经验设定阈值。为保险起见，经验阈值一般留有充足的裕量，这就导致系统的输出能力不能充分发挥。PN 结结温估计动态响应快，能够实现实时保护，从而可以适度放开限制以充分发挥系统的输出能力。

4.6.1　热传导原理与建模

热传导是介质内无宏观运动时因温差而产生的热量传递现象，在此过程中，热量从系统的一部分传到另一部分或由一个系统传到另一个系统。热传导的特性可以类比电气工程中的欧姆定律：热源就相当于电气工程中的电源，热源的功率就像电流，而热容和热阻就分别像电容与电阻。

热阻是热量在物体上传输时，物体两端的温差与热源的功率之间的比值，表征物体传输热能的能力。热容是物体与环境交换的热和由此引起的温度变化之间的比值，表征物体储存能量的能力。利用热阻和热容可以构建出一个类似 RC 低通电路的热模型，如图 4-66 所示。

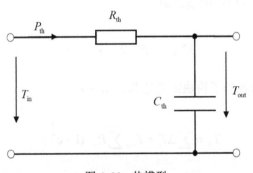

图 4-66　热模型

在如图 4-66 所示的热模型中，P_{th} 为热功率，R_{th} 为对象热阻，C_{th} 为对象热容，下标 th 表示与热（thermal）相关的量。输出温度与输入温度的关系为

$$T_{out}(t) = T_{in}(1 - e^{-\frac{t}{\tau}}) \tag{4-48}$$

式中，时间常数 τ 满足

$$\tau = R_{th}C_{th} \tag{4-49}$$

式（4-49）所示为一个典型的一阶惯性响应，经过渡过程后达到稳态，输出温度不再上升。定义瞬态热阻抗表征过渡过程器件热阻和热容的综合阻抗，即

$$Z_{\mathrm{th}}(t) = R_{\mathrm{th}}(1 - \mathrm{e}^{-\frac{t}{\tau}}) \tag{4-50}$$

很明显，过渡过程后（热容充满），热阻抗等同于热阻。

IGBT 模块内部由好几层组成，一般使用局部网络模型进行描述，如图 4-67 所示。其中，T_{c} 为 IGBT 的外壳（Case）温度，T_{vj} 为虚拟 PN 结（Virtual Junction）的温度，P_{loss} 为损耗功率（热流）。假设第 i（$i=1,2,3,\cdots,n$）个 RC 并联模块两端的温差为 ΔT_i，那么有

$$P_{\mathrm{loss}} = \frac{\Delta T_i}{R_{\mathrm{th}\_i}} + C_{\mathrm{th}\_i}\frac{\mathrm{d}\Delta T_i}{\mathrm{d}t} \tag{4-51}$$

对式（4-51）做拉普拉斯变换，有

$$P_{\mathrm{loss}} = \frac{\Delta T_i}{R_{\mathrm{th}\_i}} + C_{\mathrm{th}\_i}s\Delta T_i \Rightarrow \frac{\Delta T_i}{P_{\mathrm{loss}}} = \frac{R_{\mathrm{th}\_i}}{R_{\mathrm{th}\_i}C_{\mathrm{th}\_i}s + 1} \tag{4-52}$$

令时间常数 τ_i 为

$$\tau_i = R_{\mathrm{th}\_i}C_{\mathrm{th}\_i} \tag{4-53}$$

从而在时域，并联热阻容模块两端的温差为

$$\Delta T_i(t) = P_{\mathrm{loss}}R_{\mathrm{th}\_i}(1 - \mathrm{e}^{\frac{t}{\tau_i}}) \tag{4-54}$$

模型总的温度（T_{vj}）为各个子模块温度之和，从而有

$$T_{\mathrm{vj}} = \sum_{i=1}^{n}\Delta T_i = P_{\mathrm{loss}}\sum_{i=1}^{n}R_{\mathrm{th}\_i}(1 - \mathrm{e}^{\frac{t}{\tau_i}}) \tag{4-55}$$

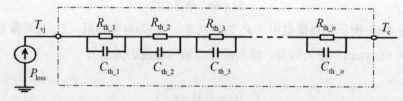

局部网络模型

图 4-67　PN 结结温估计模型

IGBT 厂家一般会在数据手册上给出虚拟 PN 结到外壳的整体动态热阻抗曲线，以及各子模块的热阻抗参数。下面以英飞凌公司的 IGBT 模块 FS200R12KT4R 为例进行说明，其热阻参数如图 4-68 所示。本节后续内容涉及的 IGBT 实际特性与参数均参考 FS200R12KT4R，不再一一指出。

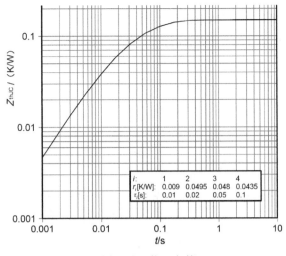

图 4-68　热阻参数

4.6.2　导通损耗的计算

IGBT 及与其反并联的二极管导通时都会有一定的压降，从而存在导通损耗。要确定导通损耗，首先需要确定流过器件的电流。在一个开关周期内，流过器件的电流不是恒定的，但是因为开关周期比较短，电流变化范围并不是特别大，所以可以使用平均电流替代变化的瞬时电流。

当电机某相电流为正时，电流分别流过上桥 IGBT 和下桥二极管，在一个开关周期内，流过两个器件的平均电流分别为

$$\begin{cases} i_{TH} = i_x \rho \\ i_{DL} = i_x(1-\rho) \end{cases} \tag{4-56}$$

式中，i_{TH} 为流过上桥 IGBT 的平均电流；i_{DL} 为流过下桥二极管的平均电流；i_x 为相电流检测值；ρ 为此相 PWM 占空比。当电流为负时，经过下桥 IGBT 和上桥二极管续流，因此，在一个开关周期内，流过两个器件的平均电流分别为

$$\begin{cases} i_{DH} = i_x \rho \\ i_{TL} = i_x(1-\rho) \end{cases} \tag{4-57}$$

电流没有流过的器件在当前开关周期内的平均电流为 0。如此，根据电流方向计算流过三相所有器件的平均电流，并进一步确定各器件的压降即可确定当前开关周期的损耗功率。

图 4-69 给出了某工况下 a 相桥臂 4 个器件的平均电流波形。此时，电机电流峰值为 400A，因为占空比接近 50%，所以流过各器件的电流的最大值在 200A 左右。经过平均处理之后，PWM 周期内不连续的电流整体上变得连续。当电流为正时，电流分别经过上桥 IGBT（ia_TH）和下桥二极管（ia_DL）。实际上，电机电流是不会同时通过这两个器件的，

只是平均等效处理认为同一时间两个器件中均有电流"流过"。当电流为负时，分别经过下桥 IGBT 和上桥二极管，此时，上桥 IGBT 和下桥二极管的电流均为 0。

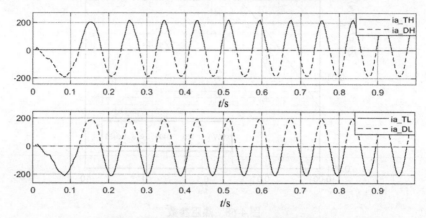

图 4-69 a 相桥臂 4 个器件的平均电流波形

IGBT 导通时，集电极和发射极之间的电压 V_{ce} 由几百伏迅速下降到几伏，具体数值与此时通过 IGBT 集电极的电流 I_c 有关。V_{ce} 和 I_c 的关系是非线性的并且随 T_{vj} 的不同而不同，如图 4-70 所示。当 I_c 小于 450A 时，25℃的 PN 结结温对应相同电流的 V_{ce} 最大；当 I_c 大于450A 时，150℃的 PN 结结温对应相同电流的 V_{ce} 最大。

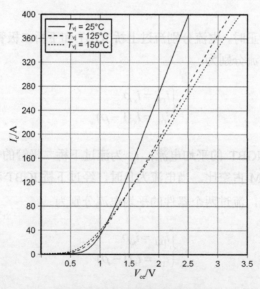

图 4-70 IGBT 输出特性曲线

由于估算 PN 结结温主要用于实现保护功能，因此工程实践倾向于考虑最恶劣的情况，即将图 4-70 中的 25℃和 150℃对应的数据结合起来，取 V_{ce} 最大的曲线段。由于 V_{ce} 和 I_c 是高度非线性的，因此实践中多预存表，通过查表插值的方法获得 V_{ce}。确定 V_{ce} 和 I_c 之后，两者相乘即可得到损耗功率。反并联二极管的特性和 IGBT 的特性不一样，如图 4-71 所示，将其正向导通电压 V_f 与正向电流 I_f 按同样的方法处理一遍即可。

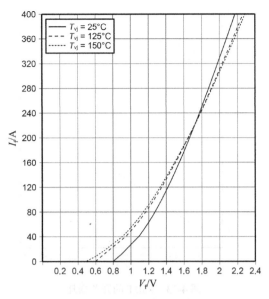

图 4-71　反并联二极管前向特性曲线

4.6.3　开关损耗的计算

由于开关过程不是理想的，因此在 IGBT 芯片开通和关断的瞬间，电压和电流总会有重叠区，如图 4-72 所示，此时会产生开通损耗和关断损耗（统称开关损耗）。

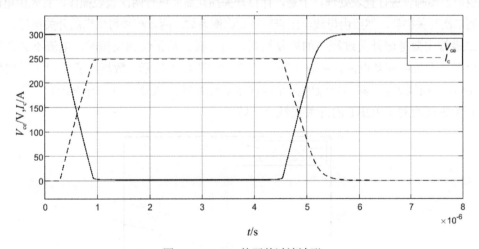

图 4-72　IGBT 的开关过渡波形

功率器件的开关过程非常复杂，相关电流和电压均难以使用公式进行描述，从而损耗无法直接计算，需要采用合理的近似算法替代。如图 4-73 所示，IGBT 的数据手册给出了 V_{ce} = 400V 时不同电流下的开关损耗。可以看到，在绝大部分电流范围内，关断损耗（E_{off}）大于开通损耗（E_{on}），并且 PN 结结温越高，开关损耗越大。

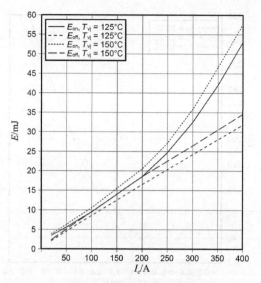

图 4-73 IGBT 的开关损耗

注意：数据手册给出的损耗数据是能量而不是功率，使用之前需要进行转化。例如，当前开关频率为 10kHz，在一个 PWM 周期内，开、关各一次，开关损耗加起来除以时间 0.0001s 就可以得到损耗功率。

当母线电压不是 400V 时，可以按照一定的比例进行换算，这个换算比例往往不是线性的，因此也需要预制表进行查表处理。于是，计算开关损耗需要进行两次查表操作，首先由电流查表得到单次开关损耗，然后由母线电压查表得到比例系数，两者相乘得出当前开关损耗。

二极管主要考虑开关过程中的恢复损耗，当二极管从正偏到反偏时，电流不会立即截止，会有一个反向恢复电流，从而会产生损耗。如图 4-74 所示，数据手册给出了反向恢复（Recovery）损耗 E_{rec}，其与电流的关系同样是非线性的，故处理方法与 IGBT 一样。二极管的开关损耗相对于 IGBT 的开关损耗小一些。

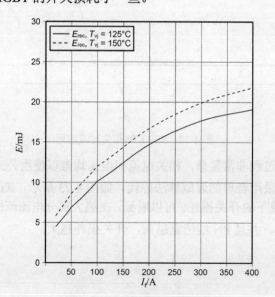

图 4-74 二极管的开关损耗

电流方向不同时会流经不同的器件，因此，在计算开关损耗时，也需要根据电流方向进行不同的处理。对于那些没有电流经过的器件，虽然也有开通和关断动作，但是损耗为零。

4.6.4　离散化建模仿真

使用单片机实现热模型需要将模型离散化，即求以下差分方程：

$$\frac{\Delta T_i}{P_{\text{loss}}} = \frac{R_{\text{th}\_i}}{\tau_i s + 1} \xrightarrow{s=\frac{1-z^{-1}}{T_s}} \frac{\Delta T_i}{P_{\text{loss}}} = \frac{R_{\text{th}\_i}}{\tau_i \dfrac{1-z^{-1}}{T_s} + 1} \tag{4-58}$$

化简得热阻抗模型递推公式：

$$\Delta T_i(k) = \frac{\tau_i}{\tau_i + T_s} \Delta T_i(k-1) + \frac{T_s}{\tau_i + T_s} R_{\text{th}\_i} P_{\text{loss}}(k) \tag{4-59}$$

令差分方程的系数为

$$a_i = \frac{\tau_i}{\tau_i + T_s}, \quad b_i = R_{\text{th}\_i} \frac{T_s}{\tau_i + T_s} \tag{4-60}$$

从而，PN 结结温的递推公式为

$$T_{\text{vj}}(k) = \sum_{i=1}^{n} a_i \Delta T_i(k-1) + \sum_{i=1}^{n} b_i P_{\text{loss}}(k) \tag{4-61}$$

式中，P_{loss} 为当前器件的损耗功率，为此前得到的导通损耗和开关损耗之和。

数据手册中给出了在一定条件下 IGBT 及二极管 Diode 损耗相关的典型值，一般来讲，这些数据在实际设计中并不能直接使用。这是因为实际系统不可能和数据手册的测试平台一模一样，两者之间的差异主要体现在如下几方面。

（1）IGBT 的开关损耗不仅依赖驱动电阻，还依赖驱动环路电感，而实际系统的驱动环路电感常常不同于数据手册的测试平台的驱动环路电感。

（2）驱动中加入栅极和发射极电容是很常见的改善 EMC 特性的设计方法，而使用该栅极电容会影响 IGBT 的开关过程中的电流变化率 $\dfrac{\mathrm{d}I_c}{\mathrm{d}t}$ 和电压变化率 $\dfrac{\mathrm{d}V_{\text{ce}}}{\mathrm{d}t}$，从而影响 IGBT 的开关损耗。

（3）实际系统的驱动电压也可能不同于数据手册中的测试驱动电压，在数据手册中，开关损耗通常在±15V 的栅极电压下测量得到，而实际系统的驱动电压有时并不是这个电压数值。

（4）数据手册通常会在较小的母排杂散电感下进行开关损耗测试，而实际系统的母排或 PCB 的布局常常会存在比较大的杂散电感。

一种改善的方式是直接采用实际系统的母排和驱动来进行双脉冲测试，损耗功率可以通过 V_{ce} 和导通电流相乘获得。需要注意的是，电压探头和电流探头需要匹配延时，否则会引起比较大的测试误差。调节脉冲时间（电流大小）和母线电压，进行一系列测试可以得到比较全面的损耗数据。例如，系统的直流母线电压最低为 450V，最高为 700V，并将系统的 IGBT 的 PN 结结温设计为 125～150℃。分别在 450V 和 700V 的母线电压下，以及 125℃ 和 150℃ 的 PN 结结温下重复上述测试，可以得到一系列曲线。

一般电机控制器都不会直接测量 IGBT 的壳温，大多时候测量散热器或环境温度，于是，估计 PN 结结温就需要获取外壳-散热器及散热器-环境之间的热阻抗参数。无论是损耗相关测试还是热模型参数测试，都是比较复杂的。总的来说，PN 结结温估计的难点可能更多的在于这些数据的测试而不在于算法本身。

图 4-75 所示为 a 相各器件的损耗功率，因为导通损耗和开关损耗都与电流相关，所以，尽管不是线性关系，但是各损耗还是近似随电流正弦波动的。没有电流通过时，导通损耗为零，但是开关损耗还是存在的，因此可以看到，整个时间范围内的器件损耗都不为零。

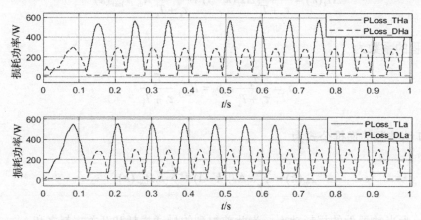

图 4-75　a 相各器件的损耗功率

图 4-76 所示为 IGBT 模块内部 6 个 IGBT 的 PN 结结温估计波形。可以看到，6 条曲线全都随损耗而剧烈波动，这是由热阻抗太小导致的。正是因为 PN 结结温变化速度很快，即往往来不及传导到外部就已经很高，所以才需要对其进行估计，而不依赖外部测量。在 SVPWM 驱动方式下，各器件的开通次数是一致的，流过的电流是均衡的，因此它们的 PN 结结温变化也基本相同。

温度保护考虑的是系统整体温升，故 PN 结结温估算模块最终输出的是 6 个 IGBT 和 6 个续流二极管中最高的温度值，如图 4-77 所示。最高温度 Tvj_raw 仍然是波动的，对其进行滤波可以获得平滑的温度 T_{vj}。如此，虽然电机电流是正弦变化的，各器件温升也是大幅波动的，但是稳态时的整体温度是稳定的。

图 4-77 中的温度达到 110℃，比图 4-76 中的温度高得多，这是因为两者的参考点不一样。在图 4-77 中，设置 IGBT 的壳温为 70℃；在图 4-76 中，以壳温为参考点，两者实质是一样的。

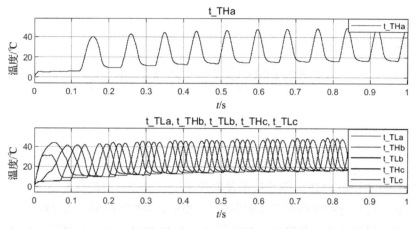

图 4-76　IGBT 模块内部 6 个 IGBT 的 PN 结结温估计波形

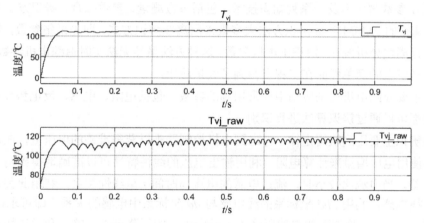

图 4-77　IGBT 的最高 PN 结结温与滤波

第 5 章

参数辨识算法及实践

PMSM 参数辨识是 PMSM 驱动技术发展和应用过程中的关键与重要环节，也是 PMSM 实现高速、高精度运行控制的重要前提条件。PMSM 参数辨识不仅涉及控制电路的设计，还会直接影响电机的性能，精确的参数辨识是影响 PMSM 驱动精度和可靠性的重要因素。

PMSM 参数辨识涉及一系列知识技术，包括参数测量、参数拟合、辨识方法及其相关算法等。现行的 PMSM 参数辨识方法大多数采用离线辨识方式，即先采集参数，然后利用计算机进行离线分析统计，辨识出电机参数。这种方法虽然无法实时追踪电机参数的变化，但是由于程序上的简单性而在工程上得到了大量应用。

本章主要介绍电机控制应用中经常用到的参数，包括电阻、电感、反电势和初始角，这些参数都可以通过辨识算法进行识别。

电阻辨识主要用到欧姆定律，考虑到电机控制器难以获得准确的电压值，在辨识电阻时，选择使用电压增量来计算电阻，利用输出电压的线性特性可以准确地得到两个电压点之间的压差。当电流比较小时，流过电感的电流与时间 t 呈线性关系，利用此关系可求得电机定子线电感，利用 abc 坐标系的线电感与 dq 坐标系中电感的关系，即可求得电感 L_d 和 L_q。当 $i_q = 0$ 时，稳态下的电感压降为零且电阻上的压降可以忽略，利用该特点可以由两组不同的 i_d、u_q 组成的电压方程经过变形得到反电势的表达式，从而计算电机反电势，同时可以计算出电机永磁体磁链。PMSM 初始角辨识基于电感饱和效应，在电机静止状态下可以对其角度进行比较准确的辨识。旋变初始角指的是旋变角度与电机角度之间的偏差，将电机转子拉到指定位置后读取旋变读数，两者之间的差值就是旋变初始角。

5.1 电阻辨识

5.1.1 原理分析

在实际应用中，一般利用欧姆定律求电阻：

$$I = U / R \tag{5-1}$$

式中，I 为电流；U 为电压；R 为电阻。式（5-1）是线性的，将电流、电压分别替换为电流偏差 ΔI 和电压偏差 ΔU 后依然成立，因此可以通过电流偏差和电压偏差求电阻，即

$$\Delta I = (1 / R)\Delta U \Rightarrow R = \Delta U / \Delta I \tag{5-2}$$

使用式（5-2）求电阻最主要的原因是电机控制器难以获得准确的电压值。电机控制器的输出电压是开环的，假设在 dq 坐标系中给定 d 轴电压 u_d 为 2～30V、q 轴电压 u_q 为 0。在理想情况下，U、V 两相间的输出电压应为 3.5～51.9V。由于死区、器件开关延迟、管压降等因素的影响，逆变电路的实际输出电压会低于理想值。如图 5-1 所示，带死区的输出电压明显低于理想的输出电压。

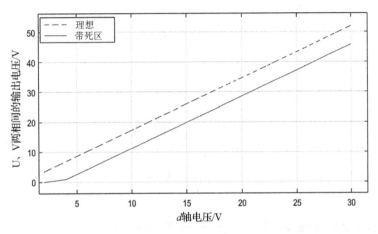

图 5-1 PWM 输出电压偏差

一般来说，随着器件、驱动电路参数的不同，以及死区时间等配置的变化，输出电压相对于理想值的偏移量会不一样，因此很难对其进行准确的补偿。除上述因素外，母线电压的检测精度也会对输出电压有一定的影响。在比较恶劣的情况下，电机控制器的母线电压检测值可能会有高达一二十伏的偏差，这样会导致软件中的输出电压与电路实际输出电压不一致，使计算结果错误。

虽然逆变电路实际输出电压与输出电压预期值存在偏差，但是输出电压的线性特性并没有改变，因此可以准确得到两个电压点之间的压差（在做差的过程中，两个电压的偏移相互抵消）。正是因为如此，辨识电阻时才会选择使用电压增量来计算电阻。

5.1.2 实现过程

由 5.1.1 节可知，辨识电阻的大致过程为输出两个电压，采集对应电流并求偏差以计算电阻。看起来，首先要解决的是输出电压高低的问题，但实际上脱离电流而直接输出电压是不合理的，因为那样产生的电流十有八九是不合适的。广泛使用的方法是先确定两个电流给定值，然后调节输出电压，使电流接近给定值，待状态稳定后，记录电流和对应的电压。

由于 PWM 的分辨率有限，因此在闭环模式下，电流会有"极限环"效应，即电流幅值总是会周期性波动，没有开环模式平滑。为了减小电流波动的影响，当把电流控制到一定范围之后，就进入开环模式。这样，不但电流更稳定，而且输出电压也随即固定。

在确定电流给定值时，应该尽可能取大以获得更高的信噪比，但考虑到对电机和控制器的保护，电流给定值也不能取得太大。综合考虑，将电流给定值限制在电机的额定电流左右是合理的，这样可以比较好地保护电机。控制器本身有完善的保护，即便是电机的额定电流比控制器的额定电流大，控制器在辨识过程中也可以实现自我保护。

因为是使用电流、电压偏差参与计算的，所以两个电流给定值的差异要明显。具体实现时，控制器首先将输出电流限制为 0.5～0.7 倍的电机额定电流，待电流稳定后切换到电流开环状态；然后连续采样多组母线电压、电流，累加求均值；最后将电流范围调整至 1～1.2 倍的电机额定电流，重复上述过程，得到新的采样值，并利用式（5-2）计算电阻。整个电阻辨识流程图如图 5-2 所示。

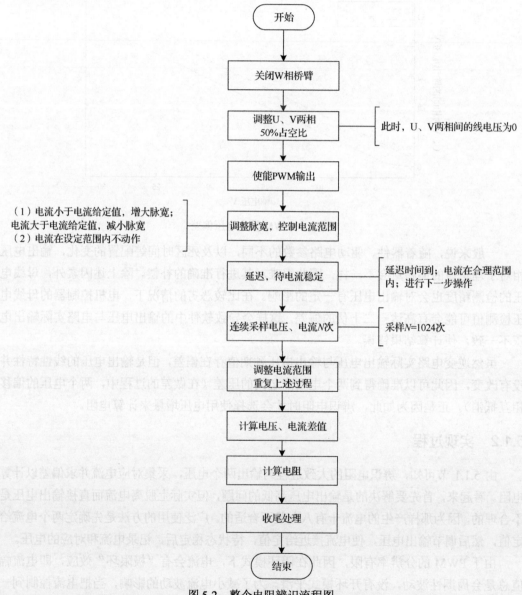

图 5-2　整个电阻辨识流程图

5.1.3　数据处理

考虑系统噪声，式（5-2）可改写为

$$\Delta \boldsymbol{i} = (1 / R) \cdot \Delta \boldsymbol{u} + \boldsymbol{v} \tag{5-3}$$

式中，电流偏差向量 $\Delta \boldsymbol{i}$ 为多次测量并做差的结果，满足 $\Delta \boldsymbol{i} = \begin{bmatrix} \Delta i_1 & \Delta i_2 & \cdots & \Delta i_n \end{bmatrix}^{\mathrm{T}}$；$\Delta \boldsymbol{u}$ 为输入电压偏差向量，满足 $\Delta \boldsymbol{u} = \begin{bmatrix} \Delta u_1 & \Delta u_2 & \cdots & \Delta u_n \end{bmatrix}^{\mathrm{T}}$；$\boldsymbol{v} = \begin{bmatrix} v_1 & v_2 & \cdots & v_n \end{bmatrix}^{\mathrm{T}}$ 为白噪声。由最小二乘法得电阻的估计值为

$$1 / \hat{R} = (\Delta \boldsymbol{u}^{\mathrm{T}} \Delta \boldsymbol{u})^{-1} \Delta \boldsymbol{u}^{\mathrm{T}} \Delta \boldsymbol{i} \tag{5-4}$$

展开得

$$\hat{R} = \sum_{i=1}^{n} u_i^2 \Big/ \sum_{i=1}^{n} u_i i_i \tag{5-5}$$

如果先求出每组测量值对应的电阻，然后对所有电阻求均值，那么电阻的估计值为

$$\hat{R} = \frac{1}{n} \sum_{i=1}^{n} R_i = \frac{1}{n} \sum_{i=1}^{n} \frac{u_i}{i_i} \tag{5-6}$$

还可以简单地先分别对电压和电流求均值，再求电阻的估计值：

$$\hat{R} = \sum_{i=1}^{n} u_i \Big/ \sum_{i=1}^{n} i_i \tag{5-7}$$

以上几种计算方法形式上差别较大，但计算结果非常接近，选择实现起来最容易的方法就好，于是，式（5-7）在计算量和实现过程上的优势就体现出来了。

5.1.4　实际计算

辨识电阻时保持 c 相桥臂关闭，并控制 a 相上桥和 b 相下桥，以及 a 相下桥和 b 相上桥同步开关。控制上、下桥都动作的好处在于能够适应那些上桥驱动使用自举电路的方案。自举电路需要通过下桥导通，对自举电容充电，否则不能正常工作。

假设 a 相上桥的占空比为 CMP，PWM 周期为 PRD，母线电压为 U_{dc}，那么 a 相的输出电压为

$$U_{\mathrm{a}} = \frac{\mathrm{CMP}}{\mathrm{PRD}} U_{\mathrm{dc}} \tag{5-8}$$

对应的 b 相的输出电压为

$$U_{\mathrm{b}} = \frac{\mathrm{PRD} - \mathrm{CMP}}{\mathrm{PRD}} U_{\mathrm{dc}} \tag{5-9}$$

a、b 相之间的电压为

$$U_{ab} = U_a - U_b = \frac{CMP - PRD/2}{PRD/2}U_{dc} \tag{5-10}$$

假设两次电压调整结束后,芯片 PWM 模块比较值分别为 CMP1、CMP2,那么由式(5-10)得压差为

$$\Delta U = \frac{CMP2 - CMP1}{PRD/2}U_{dc} \tag{5-11}$$

可以看到,得到母线电压后,结合占空比即可计算压差。辨识电阻时会连续采样 1024 次母线电压并求和,假设程序中母线电压具有 0.1V 的分辨率,则 1024 次采样得到的压差之和满足

$$\sum_{k=1}^{1024}(\Delta u_k) = \frac{CMP2 - CMP1}{PRD/2}\sum_{k=1}^{1024}(\frac{u_{prg\_k}}{10}) = \frac{CMP2 - CMP1}{PRD/2}\frac{U_{prg\_sum}}{10} \tag{5-12}$$

式中,Δu_k 表示第 k 个压差;u_{prg_k} 表示程序中第 k 次采样时的母线电压,其单位为 0.1V,故需要除以 10 转换为国际单位;U_{prg_sum} 表示 1024 次采样值之和。

假设程序中的电流采样值为 Q15 数据格式的标幺值,则在进行计算之前,必须先将其转换为有名值。假设程序中的电流基值单位为 0.01A,参与计算需要转换为国际单位,则 1024 个电流差之和满足

$$\Delta i_{prg\_sum} = \sum_{n=1}^{1024}(\frac{\Delta i_n}{i_b} \times 2^{15}) = \sum_{n=1}^{1024}(\frac{\Delta i_n}{i_{bprg}/100} \times 2^{15}) \tag{5-13}$$

式中,Δi_n 表示第 n 个电流偏差($n=1,2,3,\cdots,1024$);i_b 表示电流基值;i_{bprg} 表示程序中使用的电流基值,与 i_b 在数值上相差 100 倍。于是,1024 次采样电流偏差(国际单位有名值)之和为

$$\sum_{n=1}^{1024}(\Delta i_n) = \Delta i_{prg\_sum}\frac{i_{bprg}}{100 \times 2^{15}} \tag{5-14}$$

于是,由式(5-12)和式(5-14)可计算电阻的实际值为

$$\hat{R} = \frac{\sum_{i=1}^{1024}\Delta u_i}{\sum_{i=1}^{1024}\Delta i_i} = \frac{(CMP2 - CMP1)U_{prg\_sum}}{PRD} \times \frac{10 \times 2^{16}}{\Delta i_{prg\_sum}i_{bprg}} \tag{5-15}$$

因为电阻可能会很小,如几十毫欧,所以最终结果可以使用 Q 格式值来表示

$$\hat{R}_{\text{Q}} = \hat{R} \times 2^{10} = \frac{\text{CMP2} - \text{CMP1}}{\text{PRD}} U_{\text{prg\_sum}} \frac{10 \times 2^{26}}{\Delta i_{\text{prg\_sum}} i_{\text{bprg}}} \tag{5-16}$$

按照上述方法得到的是 a 相和 b 相电阻串联的结果，要得到电机相电阻，还需要将结果除以 2。

5.2 电感辨识

5.2.1 原理分析

将电机的 b、c 相绕组分别接到母线电源正负端，a 相悬空，固定电机转子不动。此时，系统模型简化为一个 RL 电路，如图 5-3 所示。其中，电阻 R 为电机定子电阻的 2 倍，电感为定子线电感 L_{bc}。

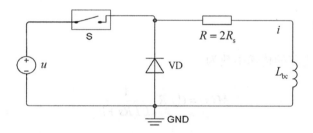

图 5-3 电机-控制器简化等效电路

开关 S 闭合后，电路中的电压、电流满足

$$u = Ri + L_{\text{bc}} \frac{\mathrm{d}i}{\mathrm{d}t} \tag{5-17}$$

当电流不大时，电阻上的压降可以忽略，即式（5-17）可简化为

$$u \approx L_{\text{bc}} \frac{\mathrm{d}i}{\mathrm{d}t}$$

两边同时积分得

$$L_{\text{bc}} i = \int u \mathrm{d}t \tag{5-18}$$

即流过电感的电流与电感两端电压的积分成正比。当输入电压恒定时，可以用乘法替代积分，式（5-18）可化为

$$L_{\text{bc}} i = Ut \tag{5-19}$$

式中，U 为电感两端的电压，此时流过电感的电流与时间 t 呈线性关系。很明显，只有在电流比较小时，这种线性关系才成立。

创造条件，使式（5-19）成立并由此求得电机定子线电感，利用 abc 坐标系中的电感与 dq 坐标系中的电感的关系即可求得电感 L_d 和 L_q，即

$$\begin{cases} L_d = (A - B)/2 \\ L_q = (A + B)/2 \end{cases} \qquad (5\text{-}20)$$

式中，A 和 B 分别满足

$$\begin{cases} A = L_q - L_d = L_{ab}/[\cos(2\theta_e + 4\pi/3) - \cos(2\theta_e)] \\ B = L_d + L_q = L_{bc} - L_{ab}\cos(2\theta_e)/[\cos(2\theta_e + 4\pi/3) - \cos(2\theta_e)] \end{cases} \qquad (5\text{-}21)$$

这里计算 L_d、L_q 需要转子角度，但是它们的大小本身和角度无关。如果没有位置传感器检测角度，那么需要将电机转子拉到固定的角度后进行辨识，在此过程中，最好能将电机轴锁住，避免角度变化。

5.2.2 脉宽调整

电感辨识等效电路的传递函数为

$$M(s) = (1/R)\frac{1}{L/Rs + 1} \qquad (5\text{-}22)$$

因为系统增益 $1/R$ 常常很大，所以，如果输入电压不合适，就会使输出电流超出系统的承受能力。由于电压幅值无法调节，因此只能逐步调整电压的作用时间以期将电流限制在合理的范围内。如图 5-4 所示，逐步增加作用到定子绕组上电压脉冲的宽度，同时监测定子电流。当采样电流达到电机额定电流的 70%左右时，认为对应的电压脉宽比较合适，程序停止迭代并保存当前值备用。

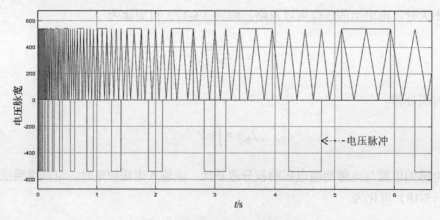

图 5-4　电压脉冲与三角载波信号

如图 5-5 所示，母线电压为 540V，随着电压脉宽的增大，流过电感的电流迅速增大，达到数万安。当电压脉宽大于 $4RL$ 时，电感电流表现出明显的惯性响应的特点，这时流过电感的电流和电压不再是线性关系。仿真初始阶段的电压脉宽较小，对应的电流幅值较为

合理，需要着重考查。

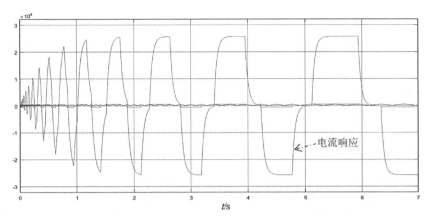

图 5-5 电流响应与电压脉冲 1

如图 5-6 所示，当电压脉宽较小时，电流基本上呈线性变化，电路接正向电压时电流线性增大，接反向电压时电流线性减小；电路断开时电感经二极管放电，电流缓慢减小。实际电流波形取决于控制器电压、电机时间常数、脉宽等因素，可能与图 5-6 存在差异。

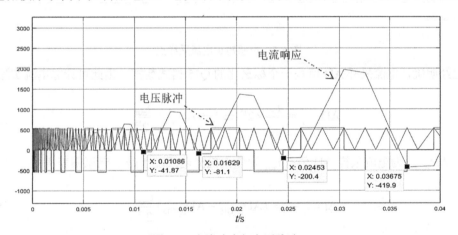

图 5-6 电流响应与电压脉冲 2

图 5-6 中的三角形代表 PWM 载波，与之幅值相等的阶梯波为对应的输出电压，这里存在连续几个 PWM 周期中开关状态一样的情况。在实际应用时，只要能输出一系列宽度可调的电压脉冲并完成电流采样即可，不必拘泥于具体的实现方式。

5.2.3 采样计算

为尽量消除电流检测偏置的影响，这里仍然采用电流偏差来计算电感，由式（5-19）可得

$$i = \frac{U}{L_{bc}}t \Rightarrow \Delta i = \frac{U}{L_{bc}}\Delta t \tag{5-23}$$

假设在时间 t_1、t_2 下的采样电流分别为 i_1 和 i_2，那么两个采样点之间有

$$i_2 - i_1 = \frac{U}{L_{bc}}(t_2 - t_1) \Rightarrow L_{bc} = \frac{U}{i_2 - i_1}(t_2 - t_1) \tag{5-24}$$

式中，母线电压 U 和电流可以采样得到。时间差 $t_2 - t_1$ 可以通过采样点的选取间接计算得到。例如，选择在 PWM 计数周期处采样，如图 5-7 所示。此时，两个采样点之间的时间差就是 PWM 载波周期。

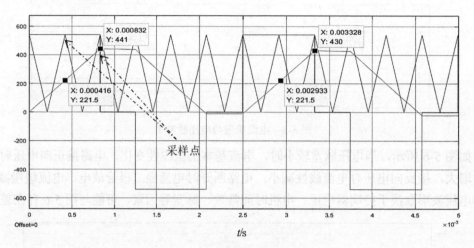

图 5-7   电感辨识电流采样点

已经明确，电流采样 AD 值是一个标幺化的 Q15 格式数据，由此可计算电流实际值 i_x：

$$\text{AD}_{ix\_Q15} = \frac{i_x}{i_{max}} \times 2^{15} \Rightarrow i_x = \text{AD}_{ix\_Q15} \frac{i_{max}}{2^{15}} \tag{5-25}$$

式中，AD_{ix_Q15} 为电流采样 AD 值；i_{max} 为最大检测电流。于是，电流偏差满足

$$\Delta i = i_2 - i_1 = (\text{AD}_{i2\_Q15} - \text{AD}_{i1\_Q15})\frac{i_{max}}{2^{15}} \tag{5-26}$$

设 PWM 模块 Timer 计数周期为 N_{PRD}、时钟频率为 f_{Clk}，则在 up-down 计数模式下，对应时间为

$$\Delta t = \frac{2N_{PRD}}{f_{Clk}} = t_2 - t_1 \tag{5-27}$$

式（5-27）的单位为 s。将式（5-26）和式（5-27）代入式（5-24）可得

$$L_{bc} = \frac{U}{(\text{AD}_{i2\_Q15} - \text{AD}_{i1\_Q15})i_{max}} \frac{2N_{PRD}}{f_{Clk}} \times 2^{15} = \frac{UN_{PRD}}{(\text{AD}_{i2\_Q15} - \text{AD}_{i1\_Q15})i_{max}f_{Clk}} \times 2^{16} \ (\text{H}) \tag{5-28}$$

因为电感数值一般都很小，用整型数据表示时可以将单位变为 μH，所以有

$$L_{bc} = \frac{UN_{PRD}}{(AD_{i2\_Q15} - AD_{i1\_Q15})i_{max}f_{Clk}} \times 2^{16} \times 10^6 \quad (\mu H)$$

按照同样的方法可以获得其他线电感的值，进一步，由式（5-20）可计算出 dq 坐标系中的电感。

5.3　反电势辨识

5.3.1　原理分析

dq 坐标系中有如下电压方程：

$$\begin{cases} u_d = R_s i_d + L_d \dfrac{di_d}{dt} - w_e L_q i_q \\[3mm] u_q = R_s i_q + L_q \dfrac{di_q}{dt} + w_e (L_d i_d + \psi_r) \end{cases} \quad (5\text{-}29)$$

令 $i_q = 0$，设稳态时的电感压降为零并且忽略电阻上的压降，则式（5-29）可化为

$$\begin{cases} u_d = 0 \\ u_q = w_e(L_d i_d + \psi_r) \end{cases} \quad (5\text{-}30)$$

设有两组不同的 i_d、u_q，即

$$\begin{cases} u_{q1} = w_e(L_d i_{d1} + \psi_r) \\ u_{q2} = w_e(L_d i_{d2} + \psi_r) \end{cases} \quad (5\text{-}31)$$

令电压与电流交叉相乘，得

$$\begin{cases} u_{q1}i_{d2} = w_e(L_d i_{d1} + \psi_r)i_{d2} = w_e L_d i_{d1} i_{d2} + w_e \psi_r i_{d2} \\ u_{q2}i_{d1} = w_e(L_d i_{d2} + \psi_r)i_{d1} = w_e L_d i_{d1} i_{d2} + w_e \psi_r i_{d1} \end{cases} \quad (5\text{-}32)$$

两式相减有

$$u_{q1}i_{d2} - u_{q2}i_{d1} = w_e \psi_r(i_{d2} - i_{d1}) \Rightarrow w_e \psi_r = \frac{u_{q1}i_{d2} - u_{q2}i_{d1}}{i_{d2} - i_{d1}} \quad (5\text{-}33)$$

根据式（5-33）可计算电机反电势，进一步可以计算电机永磁体磁链。反电势的大小与电角速度有关，实践中为统一标准，往往以转速为 1000r/min 时或电机额定转速时的线电压表示。得出当前转速下的反电势后，还需要进行必要的转换。

5.3.2　实现过程

由 5.3.1 节可知，在进行反电势辨识时，首先应使电机以一定的转速稳定旋转；然后控制 q 轴电流归零，调整 d 轴电流先后收敛于两个给定值，并在稳态时采集电压、电流数据；最后利用式（5-33）计算反电势。

实践中一般使用 IF 模式使电机转起来。所谓 IF，就是指电流–频率，运行时控制电流矢量幅值不变，逐渐提升输出频率，形成旋转的定子磁场，拖动转子旋转。具体地，设置 i_q 为 0、i_d 为常值，使电机转起来，因为 IF 模式下的电机角度是由程序生成的，与实际角度有偏差，所以实际上 q 轴电流不是 0 而有一点分量。但在空载情况下，负载非常小，因此转矩电流 i_q 接近零，假设还是成立的。

很明显，尽可能提高转速和增大电流给定值可以提高信噪比，有利于提升辨识精度。将 d 轴电流分别控制在电机额定电流的 30% 和 70% 左右，如此，两个电流值本身比较大，并且两者差异比较明显。至于转速，设定为额定转速的 60% 左右，转速太低时的反电势本身比较小；而转速太高时，阻力增大会导致 q 轴电流增大。反电势辨识详细流程图如图 5-8 所示。

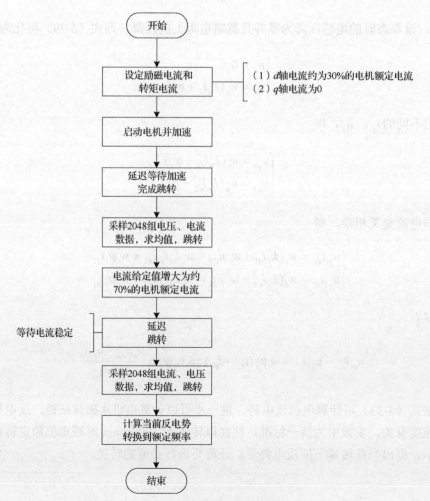

图 5-8　反电势辨识详细流程图

5.3.3 实际计算

由式（5-33）得电机反电势为

$$V_{\text{emf}} = w_e \psi_r = \frac{u_{q1} i_{d2} - u_{q2} i_{d1}}{(i_{d2} - i_{d1})} \tag{5-34}$$

式中，变量均为国际单位有名值。在编写程序时，要对电压和电流进行标幺化处理并使用 Q15 格式数据表示，即

$$
\begin{aligned}
u_{\text{prg}} &= \frac{u}{u_b} \times 2^{15} \\
i_{\text{prg}} &= \frac{i}{i_b} \times 2^{15}
\end{aligned}
\tag{5-35}
$$

式中，u_b 和 i_b 分别为电压、电流标幺基值；u 和 i 分别为 d 轴与 q 轴的电压、电流；下标 prg 表示在程序中使用的变量。将式（5-35）代入式（5-34）得

$$
\begin{aligned}
V_{\text{emf}} &= \frac{(u_{q1\_\text{prg}} u_b / 2^{15})(i_{d2\_\text{prg}} i_b / 2^{15}) - (u_{q2\_\text{prg}} u_b / 2^{15})(i_{d1\_\text{prg}} i_b / 2^{15})}{(i_{d2\_\text{prg}} - i_{d1\_\text{prg}}) i_b / 2^{15}} \\
&= \frac{u_{q1\_\text{prg}} i_{d2\_\text{prg}} - u_{q2\_\text{prg}} i_{d1\_\text{prg}}}{i_{d2\_\text{prg}} - i_{d1\_\text{prg}}} \frac{u_b}{2^{15}}
\end{aligned}
\tag{5-36}
$$

式中，i_{d1_prg} 和 i_{d2_prg} 为 d 轴的电流；u_{q1_prg} 和 u_{q2_prg} 为 q 轴的输出电压。将反电势标幺化并用 Q15 格式数据表示，即

$$V_{\text{emf\_prg}} = \frac{V_{\text{emf}}}{u_b} \times 2^{15} = \frac{u_{q1\_\text{prg}} i_{d2\_\text{prg}} - u_{q2\_\text{prg}} i_{d1\_\text{prg}}}{i_{d2\_\text{prg}} - i_{d1\_\text{prg}}} \tag{5-37}$$

对比式（5-34）和式（5-37），可以看到，变量经过标幺化处理之后，公式的形式没有发生变化。为减小随机干扰的影响，各变量均读取 2048 次后求均值，从而有

$$
\begin{aligned}
V_{\text{emf\_prg}} &= \frac{(u_{q1\_\text{sum}} / 2^{11})(i_{d2\_\text{sum}} / 2^{11}) - (u_{q2\_\text{sum}} / 2^{11})(i_{d1\_\text{sum}} / 2^{11})}{i_{d2\_\text{sum}} / 2^{11} - i_{d1\_\text{sum}} / 2^{11}} \\
&= \frac{1}{2^{11}} \frac{u_{q1\_\text{sum}} i_{d2\_\text{sum}} - u_{q2\_\text{sum}} i_{d1\_\text{sum}}}{i_{d2\_\text{sum}} - i_{d1\_\text{sum}}}
\end{aligned}
\tag{5-38}
$$

设辨识反电势时电机运行频率为 f_{set}，电机额定频率为 f_n，则电机额定频率对应的反电势为

$$V_{\text{emf\_n}} = V_{\text{emf\_prg}} \frac{f_{\text{n}}}{f_{\text{set}}} \times \sqrt{3} \approx \frac{887}{2^{20}} \times \frac{u_{q1\_\text{sum}} i_{d2\_\text{sum}} - u_{q2\_\text{sum}} i_{d1\_\text{sum}}}{i_{d2\_\text{sum}} - i_{d1\_\text{sum}}} \frac{f_{\text{n}}}{f_{\text{set}}} \qquad (5\text{-}39)$$

式（5-39）将反电势换算成电机额定频率对应的线电压。实现代码如下：

```
temp1 = (int64)ParaEstEmf.SumVq2 * ParaEstEmf.SumId1;

temp2 = (int64)ParaEstEmf.SumVq1 * ParaEstEmf.SumId2;

temp1 = temp2-temp1;

temp2 = ParaEstEmf.SumId2 - ParaEstEmf.SumId1;

temp3 = (temp1 / temp2)  >> 12;

temp3 = temp3 * MotorParas.RatedFrq >> 8;

ParaEstEmf.EmfVolt = (temp3 *887) / ParaEstEmf.FrqSet;
```

5.4　PMSM 初始角辨识

PMSM 正常运行需要确定转子位置，如果使用无位置传感器技术或非绝对式位置编码器，则在启动电机时，需要确定电机的初始角。常见的做法是在运行之前做所谓的预定位，即向电机注入一个电流或电压，将电机转子拉到设定的位置。此做法简单、容易实现，缺点是无法确定初始转向，不适于一些不允许电机反转的场合。本节讨论一种基于电感饱和效应的角度辨识方法，可以在电机静止状态下对角度进行比较准确的辨识。

5.4.1　原理分析

电机定子电流产生的电枢磁场与转子磁场的夹角小于 90°时会产生助磁效应，大于90°时会产生去磁效应。助磁效应将在一定程度上提升磁路饱和并引起相应绕组电感减小，而去磁效应则会降低磁路饱和并引起相应绕组电感增大。电感大小的差异会影响电流响应的快慢，于是，给定相同幅值和宽度的电压脉冲，电感较小的绕组中将会产生更大的电流，如图 5-9 所示。

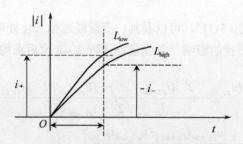

图 5-9　磁路饱和导致电感变化

电枢磁场与转子磁场的夹角越小，助磁效应与去磁效应越明显，相应的定子绕组的电感变化越大，对同样大小的电压脉冲，电流响应差别越大。这意味着有可能通过研究特定电压脉冲下的电流响应偏差来获取转子角度（电枢磁场与转子磁场的夹角）。

定义正向电压脉冲 $V_{\text{a}+}$ 和负向电压脉冲 $V_{\text{a}-}$，两者宽度相同且幅值大小相等、方向相反。

在 V_{a+} 的作用下，a 相绕组电流从 0 正向增大到 i_{a+}；在 V_{a-} 的作用下，a 相绕组电流从 0 负向增大到 i_{a-}，两者之间的偏差为

$$\Delta i_a = i_{a+} + i_{a-}$$

对 b、c 两相也做同样的处理，可得

$$
\begin{aligned}
\Delta i_a &= i_{a+} + i_{a-} \\
\Delta i_b &= i_{b+} + i_{b-} \\
\Delta i_c &= i_{c+} + i_{c-}
\end{aligned}
\tag{5-40}
$$

研究发现，保持电压脉冲 V_{a+} 和 V_{a-} 不变，随着电机转子角度的变化，相应的电流偏差将按正弦变化，如图 5-10 所示。于是，求出电流偏差矢量的角度即可得到电机转子角度。

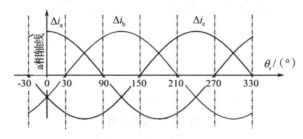

图 5-10　电流偏差随电机转子角度的变化

图 5-10 所示的三相电流偏差满足

$$
\begin{aligned}
\Delta i_a &= \Delta I_m \cos \theta_r \\
\Delta i_b &= \Delta I_m \cos(\theta_r - 2\pi / 3) \\
\Delta i_c &= \Delta I_m \cos(\theta_r - 4\pi / 3)
\end{aligned}
\tag{5-41}
$$

式中，ΔI_m 为电流偏差幅值；θ_r 为电机转子角度。对三相电流偏差做等幅 Clark 变换，有

$$
\begin{aligned}
\Delta i_\alpha &= \Delta I_m \cos \theta_r \\
\Delta i_\beta &= \Delta I_m \sin \theta_r
\end{aligned}
\tag{5-42}
$$

由式（5-42）求反正切即可获得电机转子角度：

$$\frac{\Delta i_\beta}{\Delta i_\alpha} = \frac{\Delta I_m \sin \theta_r}{\Delta I_m \cos \theta_r} = \tan \theta_r \Rightarrow \theta_r = \arctan \frac{\Delta i_\beta}{\Delta i_\alpha} \tag{5-43}$$

5.4.2　电压脉宽

在实际应用中，电机大多采用的都是星形连接，故无法单独给 a 相通电，此时，多改用电压脉冲 V_{a+b-c-} 和 V_{a-b+c+} 同时给电机三相通电。这里 V_{a+b-c-} 表示同时开通 a 相上桥、b 相下桥及 c 相下桥并保持其他开关管关闭，V_{a-b+c+} 表示同时开通 a 相下桥、b 相上桥及 c 相上桥并保持其他开关管关闭。也可以采用两相通电的方式，即 V_{a+b-}、V_{a-b+}、V_{b+c-}、V_{b-c+}、V_{c+a-}、

V_{c-a+}，此时产生的电枢磁场与三相通电方式整体偏移了 60°。

图 5-11 所示为一台电机的实测结果，持续给固定电压脉冲，同时缓慢旋转电机转子，可以看到，a 相电流响应脉冲幅值随转子位置发生变化，范围为-155~-115mA（图中 Y1 和 Y2 之间的范围）。这个简单的测试说明电机转子位于不同位置时对应的电感大小不同，有条件可以做更详尽的测试以验证三相电流偏差的变化规律。

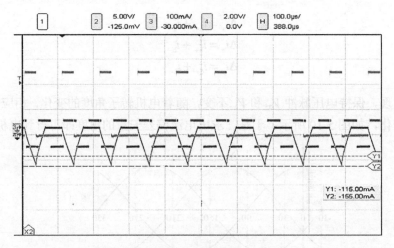

图 5-11　实测结果

图 5-12 记录了辨识过程中完整的发波过程，其中，通道 1 为电流信号，通道 2 为电流检测触发信号，通道 3 为电流采样电阻上的电压信号，通道 4 为某一电压输出脉冲。可以看到，整个过程有 6 个电流脉冲。电压脉冲作用期间，电流线性增大；电压脉冲结束，电流迅速消失。电流消失速度很快，这主要是因为此电机的电阻较大（约 22Ω），电气时间常数很小。

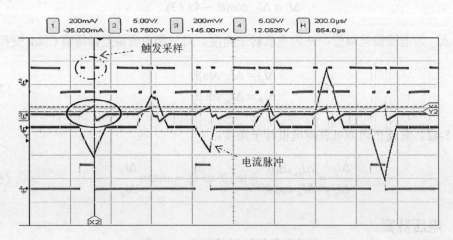

图 5-12　电压脉冲与电流脉冲序列

角度辨识依赖正反电流脉冲偏差，为保证精度，应使电流脉冲幅值尽可能大一些。这样，正、反电流脉冲的偏差会比较大，并且各个电流脉冲之间的差异也更加明显。

电机绕组中通入电流时会有转矩产生，由于作用时间很短，因此转子不会转动，但是会有"哒"的一声发出，电流越大，响声越明显。在很多应用场景下，明显的响声是难以容忍的，需要尽量消除。于是，确定脉宽需要在噪声大小和位置计算准确度之间做好平衡，做到在保证辨识精度的前提下尽量减小噪声。

5.4.3　电流检测

三电阻采样方案在有些场景下没办法采样特定相的电流，需要用其他两相的电流来替代。电压脉冲 V_{a+b-c-} 作用时，a 相上桥与 b、c 相下桥开通，如图 5-13 所示。此时，电流不经过 a 相下桥的采样电阻，故无法直接采样 a 相电流，只能使用 b、c 相电流来间接计算。

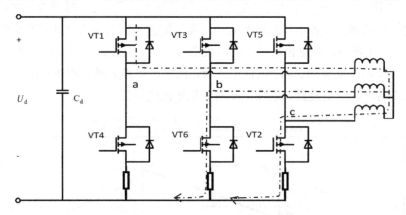

图 5-13　电压脉冲 V_{a+b-c-} 作用下的电流路径

此时，b、c 相电阻上的电压为正，对应电流流入 a 相绕组也为正，从而有

$$i_{a+} = i_{bprg} + i_{cprg} \tag{5-44}$$

式中，i_{bprg} 和 i_{cprg} 分别为程序中 b、c 相的电流，均经过标幺化处理，并使用 Q15 格式数据表示。电压脉冲 V_{a-b+c+} 作用时，a 相下桥与 b、c 相上桥开通，如图 5-14 所示。此时，电流从 b、c 相上桥流入电机绕组，流经 a 相下桥回到电源。

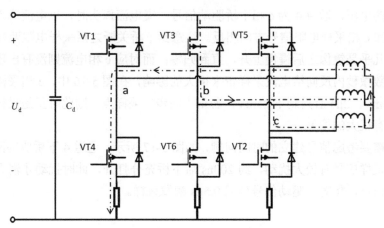

图 5-14　电压脉冲 V_{a-b+c+} 作用下的电流路径

此时，a 相电流为负，而对应采样电阻上的电压为正，即 a 相电流采样值与实际值符号相反，于是有

$$i_{a-} = -i_{a\_prg} \qquad\qquad (5\text{-}45)$$

式中，i_{a_prg} 为程序中 a 相的电流，同样是 Q15 格式数据并经过标幺化处理。以上仅以 a 相为例说明问题，另外两相面临的问题和解决方案都是一样的。

怎么保证采样同步是采样电流时需要考虑的另一个问题。目前，许多主流的 MCU 完成一个 ADC 通道的采样转换大约需要 1μs 的时间，如果按顺序采样 a、b、c 三相电流，那么 c 相的采样就会滞后 a 相的采样约 2μs。

如图 5-15 所示，无论在电压脉冲起始阶段还是结束阶段，2μs 时间内的电流都有比较明显的变化。为准确获取各个电流脉冲大小，需要根据不同的电压脉冲调整电流采样的顺序以"同步"各采样点，避免相对延迟对结果造成影响。具体地，以 a 相为例，V_{a+b-c-} 作用时，应同时采样 b、c 相电流，若 MCU 不支持，则考虑单独采样 b 相或 c 相电流后乘以 2；电压 V_{a-b+c+} 作用时，调整设置，确保立即对 a 相电流进行采样。

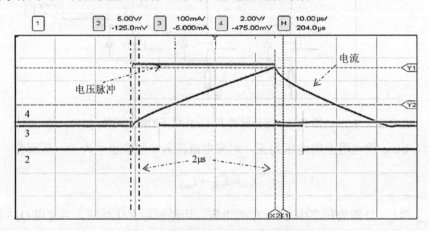

图 5-15　采样点对电流大小的影响

在图 5-16 中，通道 1 为 c 相电流信号，通道 2 为一个 I/O 翻转信号，通道 3 为 c 相采样电阻两端的电压，通道 4 为 c 相下桥驱动信号。夹电流探头时，以电流流入电机为正，故 c 相电流和 c 相采样电阻信号方向相反。注意到下桥关断之后采样电阻两端的电压迅速过零反向，几乎是镜像之后慢慢上升，直到归零；而对应 c 相电流则没有出现这种现象。采样信号在数微秒内反向给电流采样带来很大的影响，在图 5-16 中，c 相采样信号在刚关断时尚有 65mV，2μs 后只剩下 25mV，若未"同步"采样点，则此时正是采样 c 相电流的时刻，将会有很大的偏差。

采样还需要考虑信号建立的时间问题，如图 5-17 所示，通道 4 下桥驱动刚打开时，通道 3 的电流采样信号有较大扰动，约 200ns 后下桥充分打开，此时扰动才消失。实践中可以再留一点裕量，相对于驱动信号延迟 0.5μs 触发采样。

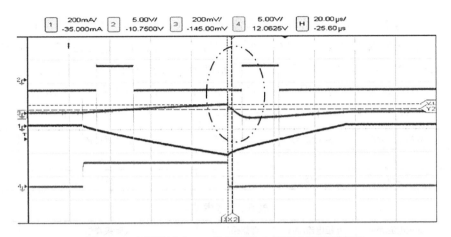

图 5-16　电压脉冲 V_{a+b-c} 作用下的电流和电流采样信号

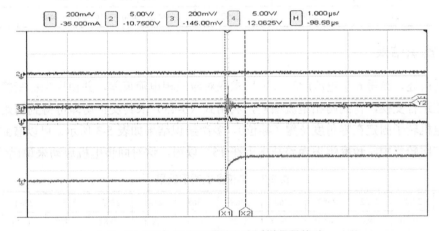

图 5-17　器件开通时电流采样信号扰动

　　器件关断时同样存在扰动，如图 5-18 所示，通道 4 驱动信号在由高拉低的瞬间，对应通道 3 的电流采样信号立即出现毛刺。已知采样电流时可能需要采 1～2 个通道，设每个通道采样转换一共需要 1μs 左右的时间，那么这里需要相对驱动信号提前 1.5μs 触发采样。

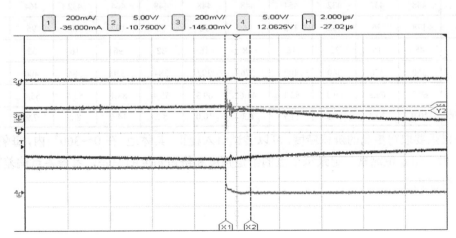

图 5-18　器件关断时电流采样信号扰动

最后需要考虑的是电流采样电路的零漂。还是以 c 相为例，不考虑零漂时，在电流脉冲起始阶段，采样偏差比较大，甚至达到 100%，这是由 c 相高达-215 个采样值的零漂导致的。在终止阶段，电流采样偏差较小，但相对于考虑零漂的结果，偏差还是更大一些。不考虑零漂和考虑零漂两种情况下的采样值与偏差分别如表 5-1 和表 5-2 所示。

表 5-1　不考虑零漂

项目	b 相电流/mA	c 相电流/mA	理想采样值	实际采样值	偏差
起始	−22.5	−25	−211	−426	102%
终止	−218	−245	−2057	−2634	28%

表 5-2　考虑零漂

项目	b 相电流/mA	c 相电流/mA	理想采样值	实际采样值	偏差
起始	−22.5	−25	−211	−238/−252/−256/−238/−264	18%
终止	−218	−245	−2057	−2432/−2430/−2410/−2428/−2432	17.9%

5.4.4　辨识结果

如前所述，测得 6 个电流脉冲大小后求取对应三相电流偏差，并使用坐标变换对三相电流偏差进行变换，得到两相电流偏差，利用式（5-43）求其反正切即可得到初始角。

将电机转子固定在零角度位置（零位），多次辨识结果如表 5-3 所示。可以看到，辨识结果分布比较集中，角度辨识误差基本上在 15° 以内，这对同步电机启动来说已经足够。

表 5-3　零位多次辨识结果

i_{a+}	2368	2352	2352	2368	2368	2368	2368	2352	2352	2384	2363
i_{a-}	−1920	−1920	−1920	−1904	−1920	−1920	−1920	−1888	−1920	−1920	−1915
i_{b+}	2048	2016	2032	2016	2016	2016	2016	2080	2000	2016	2025
i_{b-}	−2000	−2000	−2000	−2000	−1968	−2000	−1984	−1984	−1984	−1984	−1990
i_{c+}	2032	2032	2032	2032	2048	2048	2048	2048	2048	2048	2041
i_{c-}	−1904	−1904	−1904	−1904	−1888	−1904	−1888	−1904	−1904	−1904	−1900
Δi_a	448	432	432	464	448	448	448	464	432	464	448
Δi_b	128	96	112	112	96	96	96	192	80	96	110
Δi_c	48	16	32	16	48	16	32	96	16	32	35
Δi_α	360	376	360	400	376	392	384	320	384	400	375
Δi_β	69.3	69.3	69.3	83.1	41.6	69.3	55.4	83.1	55.4	55.4	65.1
辨识结果	10.9	10.4	10.9	11.7	6.3	10.0	8.2	14.6	8.2	7.9	9.8

如果想要取得更高的辨识精度，可以尝试引入校正。具体地，在 0～360° 内，每隔 60° 或 30° 做一组定位测试。记录每个点的给定角度和辨识角度的偏差，考查各点偏差特点，给出一组修正值。

5.5　旋变初始角辨识

旋变初始角指的是旋变角度与电机角度之间的偏差。使用旋变检测位置，必须确定这个角度，否则电机不能正常运行。

5.5.1　原理分析

控制器给定一个角度已知的电流矢量，将电机转子拉到指定位置后读取旋变读数，两者之间的差值就是旋变初始角。电流矢量的角度理论上是任意的，但是考虑到电流控制的精度，选取的角度应该使三相电流都尽量大。当只给定 d 轴电流时，abc 坐标系中的电流为

$$\begin{bmatrix} i_a \\ i_b \\ i_c \end{bmatrix} = \boldsymbol{C}_{32}^{-1} \begin{bmatrix} i_\alpha \\ i_\beta \end{bmatrix} = \begin{pmatrix} 1 & 0 \\ -1/2 & \sqrt{3}/2 \\ -1/2 & -\sqrt{3}/2 \end{pmatrix} i_d \begin{bmatrix} \cos\theta \\ \sin\theta \end{bmatrix} = i_d \begin{bmatrix} \cos\theta \\ \cos(\theta - 2\pi/3) \\ \cos(\theta + 2\pi/3) \end{bmatrix} \quad （5\text{-}46）$$

其中，i_α 和 i_β 满足

$$\begin{bmatrix} i_\alpha \\ i_\beta \end{bmatrix} = \boldsymbol{C}_{pk}^{-1} \begin{bmatrix} i_d \\ i_q \end{bmatrix} = \begin{pmatrix} \cos\theta & -\sin\theta \\ \sin\theta & \cos\theta \end{pmatrix} \begin{bmatrix} i_d \\ 0 \end{bmatrix} = i_d \begin{bmatrix} \cos\theta \\ \sin\theta \end{bmatrix} \quad （5\text{-}47）$$

绘出一个周期内的三相电流波形，以及函数 $\min(\mathrm{abs}(i_{abc}))$ 的图形，如图 5-19 所示。函数 $\min(\mathrm{abs}(i_{abc}))$ 在角度 $60k$（°）处取得最大值，其中，$k=0,1,2,3,\cdots$，可以选择这些角度作为电流矢量的给定角度。实践中一般将电流矢量角度设为 0。函数 $\min(\mathrm{abs}(i_{abc}))$ 为一个分段函数，$\mathrm{abs}(i_{abc})$ 指取三相电流 i_a、i_b 及 i_c 的绝对值，$\min()$ 指取三相电流绝对值中的最小值。

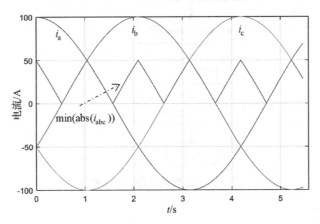

图 5-19　三相电流最小者示意图

5.5.2   实现过程

辨识旋变初始角的主要步骤：首先，输出直流电流，将电机转子定位在指定的角度；然后计算旋变角度与指定角度之间的偏差以求取旋变初始角。由于上述过程需要确定旋变角度的变化方向，因此需要定位多个角度，大致流程如图 5-20 所示。

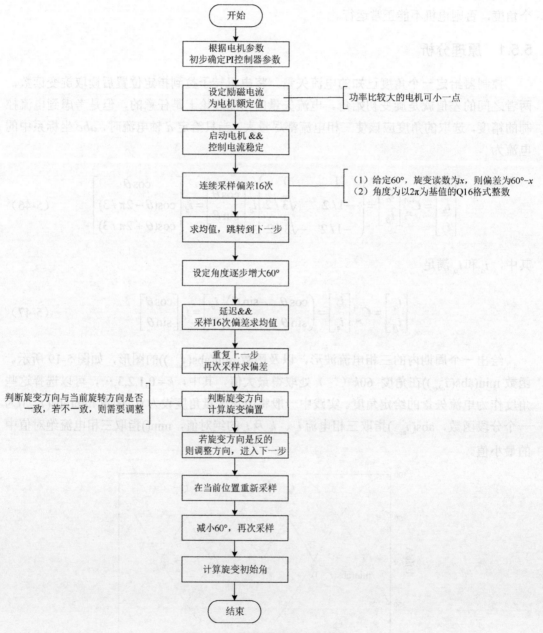

图 5-20   旋变初始角辨识流程图

5.5.3   实际计算

处理旋变首先需要进行方向匹配。一般定义电机逆时针旋转为正，即当电机逆时针旋转时，电机角度逐渐增大。当旋变读数与电机角度同步变化时，旋变角度为其读数 x 本身；当旋变读数与电机角度变化相反时，旋变角度为 $360° - x$。

在缺少方向信息的情况下，仅凭一个点的信息无法得到旋变初始角。举个例子，假设当前电机的实际角度为 $150°$，旋变读数为 $120°$，如果旋变方向为正，那么此时旋变初始角 bias = $150° - 120° = 30°$；若旋变方向为负，则旋变角度应为 $360° - 120° = 240°$，此时旋变初始角 bias = $150° - 240° = -90°$。

考查旋变方向对旋变初始角的影响。分别在给定角度 A、$A+N$ 和 $A+2N$ 处读取角度，得到不同方向下的旋变读数、旋变角度和旋变初始角，如表 5-4 所示。

表 5-4　不同方向下的旋变读数、旋变反馈角度和旋变初始角　　　　　单位：°

电机角度（给定）	A	$A+N$	$A+2N$
旋变读数（同向）	M	$M+N$	$M+2N$
旋变读数（反向）	M	$M-N$	$M-2N$
旋变角度（同向）	M	$M+N$	$M+2N$
旋变角度（反向）	$360-M$	$360-M+N$	$360-M+2N$
旋变初始角（同向）	$A-M$	$A-M$	$A-M$
旋变初始角（反向）	$A+M-360$	$A+M-360$	$A+M-360$

当旋变方向与电机旋转方向相同时，电机角度增加 N，对应旋变读数也增加 N，在任意位置，两者之间的偏差都是 $A-M$。当旋变方向与电机旋转方向相反时，电机角度增加 N，对应的旋变读数反而减小 N。为解决两者变化不一致的问题，旋变角度取 $360°$ -旋变读数，处理之后两者增量变得相等。角度处理之后，旋变初始角变成 $A-(360°-M)=A+M-360$。

在编写程序时，电机角度增量符号已知，只需计算旋变读数增量即可确定旋变方向，为降低出错概率并提高精度，可以多测一个点的数据。确认好旋变方向后，对多组偏差值求均值即可得到旋变初始角。

第 6 章

实际应用分析

20 世纪 90 年代，国内开始发展以矢量控制为核心的电机控制技术。经过多年的积累和进步，产品与技术都已经相当成熟，达到了国际先进水平。对从业者而言，行业的成熟可谓"多可喜，亦多可悲"。在行业兴起之初，工作难度可能更大，但有机会参与系统整体构建和核心技术研发对从业者来说是一种挑战与机遇。然而，随着行业的不断发展和成熟，大多数核心工作已经完成，留给后来者的机会可能已经不多，竞争却变得更加激烈。所幸，几十年来沉淀了大量的论文、案例、经验，甚至完整方案，可供学习提升。本章选取电机控制实践中一些成熟的做法，以及一些有趣的现象进行深入探讨。

6.1 节使用功率流图解释转矩电流为正，但电机实际工作在发电状态的矛盾；6.2 节和6.3 节分别分析同步电机不可控发电和可控发电两种工作模式，阐述明明输出电压很低，却可以将电流回馈到电压更高的母线上的原因；6.4 节和 6.5 节对同步电机的短路制动和缺相运行做分析；6.6 节解释为什么在低频运行时，电机控制器更容易发热；6.7 节介绍过载；6.8 节对 PWM 供电各种工况下的驱动波形进行展示，并简单介绍窄脉冲消除、死区补偿等常用技术。

6.1 功率流图的应用

在电机转速较高时会遇到电磁转矩为正，但电机实际工作在发电状态的情形。表 6-1 所示数据为某 60kW 同步电机部分标定测试数据，其中，电机转速为 4500r/min、电流给定值为 20A。

表 6-1 某 60kW 同步电机部分标定测试数据

T/（N·m）	S/（r/min）	P_m/kW	η_{Motor}	η_{Driver}	η_{System}	U/V	I/A	Set_I/A	Angel/°
-6.07	4502.9	-2.69	-2.27	0.89	-2.02	374	21.6	20	74
-4.53	4502.7	-2.14	-1.26	0.87	-1.1	376	21.7	20	72
-3.76	4503	-1.75	-0.8	0.88	-0.7	378	21.7	20	70
-2.21	4503	-0.99	-0.35	0.94	-0.32	379	21.8.	20	68
-1.28	4502.9	-0.55	-0.17	0.95	-0.16	379	22	20	66
-0.07	4503	0.02	0	0.9	0	381	22.1	20	64

以表 6-1 中第一行数据为例，d 轴电流给定值 $i_d = -20\sin(74°)\text{A} \approx -19.23\text{A}$，q 轴电流给定值 $i_q = 20\cos(74°)\text{A} \approx 5.5\text{A}$。由转矩公式可知，q 轴电流为正时，电机转矩也为正，电

机理应工作在电动状态。然而，表 6-1 中的转矩为-6.07N·m，电机实际工作在发电状态，这是为什么呢？ 这里看起来理论转矩和测试转矩存在方向上的矛盾，但是实际上两者不是同一个量。由转矩公式确定的是电机的电磁转矩，标定时传感器测得的是电机的机械转矩。在绝大多数情况下，两者尽管在数值上不相等，但符号是相同的。

图 6-1 所示为电机功率流图，其中，电机从电源吸收的功率为 P_1，P_1 扣除铜耗之后为电磁功率 P_{em}。电磁功率还不是输出到电机轴上的机械功率 P_2，在此之前还需要扣除铁耗 P_{Fe}、机械损耗 P_{mec} 和杂散损耗 P_s。

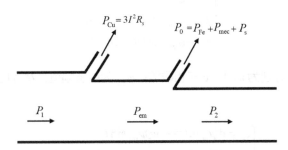

图 6-1　电机功率流图

电机高速运行时，铁耗和机械损耗都比较大，如果电磁功率过小而不足以提供这些损耗，那么电机输出的机械功率项必须为负值，即电机工作在发电状态，吸收外部机械功率。此时，电机损耗由电机供电电源和外部原动机共同提供，虽然电机实际工作在发电状态，但并没有能量传递到电源侧。由于电磁功率为正并且电机吸收外部机械功率，因此会出现电磁转矩为正，但机械转矩为负的情况。

为更好地理解上述现象，可以设想这样一种工况：由原动机带动电机高速运行，关闭电源以保证电机电磁功率为零。此时，同步电机的铁耗和机械损耗等仍然存在，并且全部由外部机械功率提供。随后接通电机电源，逐渐增大电磁功率，直到电机最终进入电动状态。在此过程中，电机从吸收外部机械功率逐步过渡到输出机械功率。

损耗还会影响零转矩的输出。有些应用场合对电机转矩精度有比较高的要求，这时一般需要对输出转矩进行标定校正。在标定过程中会发现，在不同转速下，零转矩对应的 q 轴电流大小是不一样的，并且都不是零。电机电流决定的电磁功率必须提供铁耗和机械损耗等消耗的能量后才能输出机械功率。输出零转矩（零机械功率）也是如此，必须提供一定的电磁功率用于抵消电机损耗。这要求维持一定的转矩电流，从而在零转矩时，q 轴电流不为零，对应电流的角度并不是 90°。

功率流图还能解释电机工作在发电状态下所能产生的转矩比工作在电动状态下所能产生的转矩更大的现象。假设一台电机工作在电动状态，保持电流工作点不变，想象电机负载转矩一直增大，直到拖动电机以相同的速度反向旋转。在上述过程中，电机由电动状态切换到发电状态，由于电流工作点没有改变，因此电机产生的电磁转矩也不变。但是在电动状态下，系统的铁耗、机械损耗和杂散损耗是由电磁功率提供的；而在发电状态下，这些损耗是由原动机的机械功率提供的。很明显，电机在两种状态下提供的机械功率存在偏差，自然输出机械转矩大小不同。机械功率偏差正好是铁耗、机械损耗及杂散损耗的和的 2 倍。

6.2 同步电机不可控发电分析

PMSM 旋转时，由于永磁体的存在，电机定子绕组中会有旋转电势产生。永磁体产生磁通，与 a、b、c 三相绕组交链的磁链分别为

$$\begin{cases} \psi_{ar} = \psi_{rm} \cos\theta \\ \psi_{br} = \psi_{rm} \cos(\theta - 2\pi/3) \\ \psi_{cr} = \psi_{rm} \cos(\theta + 2\pi/3) \end{cases} \tag{6-1}$$

式中，ψ_{ar}、ψ_{br} 和 ψ_{cr} 分别为 a、b、c 三相磁链；ψ_{rm} 为磁链幅值；θ 为电机角度。对式（6-1）求导得反电势

$$\begin{cases} e_a = \mathrm{d}\psi_{ar}/\mathrm{d}t = -w_e\psi_{rm}\sin\theta \\ e_b = \mathrm{d}\psi_{br}/\mathrm{d}t = -w_e\psi_{rm}\sin(\theta - 2\pi/3) \\ e_c = \mathrm{d}\psi_{cr}/\mathrm{d}t = -w_e\psi_{rm}\sin(\theta + 2\pi/3) \end{cases} \tag{6-2}$$

控制器未工作时，电机与 MOS 反并联的二极管组成全桥整流电路。在任意时刻，只有三相中电压最高相的上管和电压最低相的下管才有可能导通。这里说可能，是因为二极管导通还要求线电压（反电势）高于母线电压 U_d。

如图 6-2 所示，假设 a、b 两相之间的线电压 $U_{ab} < U_d$，但是二极管 VD1、VD6 导通。导通之后，b 点和母线负极连在一起，从而，a 点电压 U_{ab} 低于母线电压 U_d，于是二极管 VD1 会关断。也可以看作 a 点和母线正极连在一起，此时 b 点电压 $U_d > 0$，VD6 会关断。总之，二极管的导通状态不能维持。

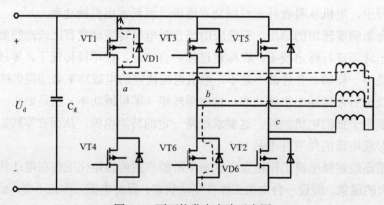

图 6-2　不可控发电电流示意图

当反电势足够大时，在线电压瞬时值超过母线电压的时间段内，二极管能够持续导通，形成电流，由电机流向母线正极。持续的充电电流会抬高母线电压，在母线电压高到一定程度时，可能会造成硬件过压损坏。不可控发电一般只有在电机转速很高时才会发生，而可控发电则没有这方面的要求。

6.3　同步电机可控发电分析

电机工作在发电状态下，输出电压可以很低，如几伏或几十伏。此时，母线电压可以高达数百伏。那么，在输出电压远低于母线电压的情况下，电机是怎样实现发电的呢？实际上，在控制器的干预下，电机以一种"电流源"的方式在发电。此时，电机回馈能量的原理与不可控发电完全不一样。不可控发电是指端电压峰值高于母线电压，迫使二极管导通，形成电流回路；而可控发电则是指利用电感的 di/dt 迫使二极管导通，进而实现电流回馈。

6.3.1　发电时空矢量图

控制电机输出与转速方向相反的转矩便可使电机工作于可控发电状态。为此，可在电机正转时控制电机输出负转矩（ $i_q < 0$ ），或者在电机反转时控制电机输出正转矩（ $i_q > 0$ ）。

电机输出转矩方向取决于定子磁场和转子磁场的相对位置。如果定子磁场超前于转子磁场，那么电机输出驱动性质转矩，电机工作在电动状态；反之，如果转子磁场超前于定子磁场，那么电机输出制动性质转矩，电机工作在发电状态。定子磁场与定子电流矢量共线，此时只需考查定子电流矢量与转子磁链矢量之间的夹角即可。

电机正转可控发电时空矢量图如图 6-3 所示。反电势矢量 $\boldsymbol{E}_0$ 滞后于电压矢量 $\boldsymbol{U}_s$ 的角度 δ 为功角，发电时反电势矢量超前于功角为负。功角决定了电机产生的转矩：

$$T = \frac{3N_{\mathrm{p}}}{w_{\mathrm{e}}} \frac{|u_s||e_0|\sin\delta}{X_d} \tag{6-3}$$

式中， $X_d = w_{\mathrm{e}} L_d$ 为 d 轴感抗； N_{p} 为电机极对数。当功角为负时，电机输出转矩为负，电机工作在发电状态。分析矢量图可以发现，反电势矢量和电压矢量的幅值与电机参数、电机运行状态（转速高低、电流大小）等因素有关，两者的大小关系不是确定的。

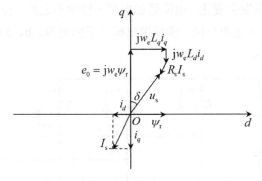

图 6-3　电机正转可控发电时空矢量图

总而言之，控制电机发电只需控制电流方向，使功角为负即可，并不要求输出电压幅值小于反电势。这可能会与直觉相违背，但详细考查电机电流流向控制器的细节之后就会发现这是合情合理的。

6.3.2 电流回馈细节

本节讨论在不同的基本电压矢量作用下，电流是如何回馈到直流电源端的。基本电压矢量是 SVPWM 相关概念，一共有 $U_0, U_1, \cdots, U_7$ 这 8 个基本电压矢量，分别代表三相桥臂的 8 种不同的开关状态。后续讨论以角度为零的电流矢量为例。此时，电机电流从 a 相流入并从 b、c 相流出，且满足 $i_b = i_c = -\frac{1}{2}i_a$。

电压矢量 U_0 作用下的电流回路如图 6-4 所示。此时，3 个上管全部关闭，3 个下管全部导通。由于 a 相上桥无法通过，电机电流不能突变，因此电流只能由负极出发，流过 VT4 后流入电机 a 相，再经过 b、c 相绕组，分别经 VT6 和 VT2 流回母线负极。

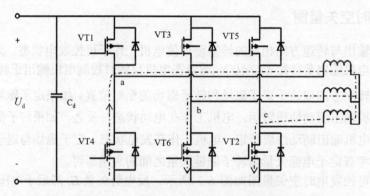

图 6-4　电压矢量 U_0 作用下的电流回路

以上整个过程既没有能量从电机流向电源，又没有能量从电源流向电机。而电机绕组中的电流依然会产生转矩，定子电阻上也会有能量消耗，这些能量都是由磁场储能提供的。图 6-4 中的开关器件是 MOS 管而不是 IGBT，两者符号不同，特性也不一样。这里与讨论主题相关的是 MOS 管打开之后电流可以双向流动，而 IGBT 则不可以，这会对电流路径产生细微的影响。

电压矢量 U_1 作用下的电流回路如图 6-5 所示。此时，VT2 关断、VT5 打开，受其影响，c 相桥臂的电流流向发生变化，电流经过电机 c 相绕组之后，经过 VT5 流入母线正极。随着电流由电源负极流入电源正极，能量由电机回馈到电源。b、c 相桥臂的开关状态没有变，电流流向也没有变。

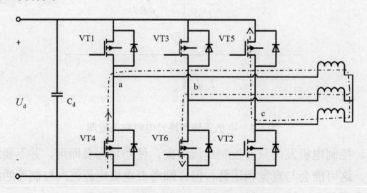

图 6-5　电压矢量 U_1 作用下的电流回路

电压矢量 U_2 作用下的电流回路如图 6-6 所示。此时，VT6 关断而 VT3 打开，导致 b 相电流无法通过下桥流入电源负极，转而流经 VT3 进入电源正极，能量从电机流向电源；a 相电流仍然从母线负极经 MOS 管 VT4 流入电机；c 相电流从电机绕组流出后经 VT2 流入母线负极。

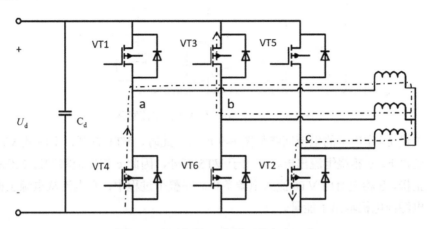

图 6-6　电压矢量 U_2 作用下的电流回路

电压矢量 U_3 作用下的电流回路如图 6-7 所示。此时，VT3 和 VT5 打开，导致 b、c 相电流无法通过下桥流入电源负极，转而经 VT3 和 VT5 流入电源正极；a 相电流仍然从电源负极经 VT4 流入电机 a 相绕组。在这种状态下，从电源负极流出的电流全部流入电源正极，回馈到电源的能量比电压矢量 U_1 和 U_2 作用时要多。若主回路使用的是 IGBT，则虽然 VT3 和 VT5 处于导通状态，但是 IGBT 不能通过反向电流，从而电流只能从反并联的二极管进入电源正极。

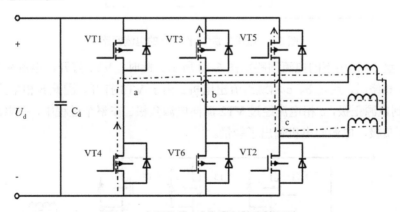

图 6-7　电压矢量 U_3 作用下的电流回路

电压矢量 U_4 作用下的电流回路如图 6-8 所示。此时，VT4 关断，电流只能经 VT1 流入 a 相绕组，并经过 b、c 相绕组，分别由 VT6 和 VT2 流向电源负极。此时，从电源正极流出的电流全部流到电源负极，在整个过程中，能量从电源流向电机。

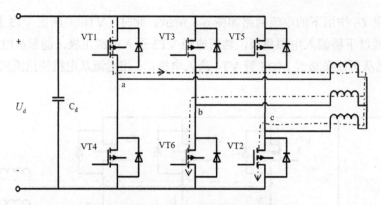

图 6-8　电压矢量 U_4 作用下的电流回路

　　电压矢量 U_5 作用下的电流回路如图 6-9 所示。此时，VT1 打开，电流从 VT1 流入 a 相绕组，经过 b、c 相绕组流出电机。由于 VT5 打开，因此 c 相电流将通过 MOS 管 VT5 回到电源正极，b 相电流由 VT6 流入电源负极。在整个过程中，有电流从电源正极流到电源负极，电源向电机输出了能量。

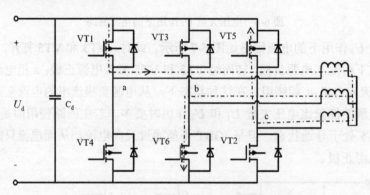

图 6-9　电压矢量 U_5 作用下的电流回路

　　电压矢量 U_6 作用下的电流回路如图 6-10 所示。此时，VT1 打开，电流从电源正极经 VT1 流入 a 相绕组，经过 b、c 相绕组流出电机。由于 VT3 打开，因此 b 相电流通过 MOS 管 VT3 回到电源正极，c 相电流经过 VT2 流向电源负极。在整个过程中，有电流从电源正极流到电源负极，电源向电机输出了能量。

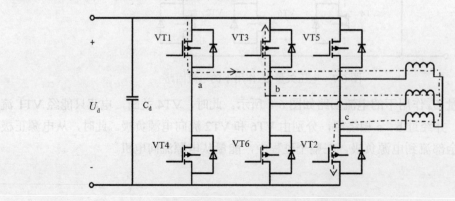

图 6-10　电压矢量 U_6 作用下的电流回路

电压矢量 U_7 作用下的电流回路如图 6-11 所示。此时，电流从母线正极流出，最终又全部回到母线正极。在这个过程中，电源和电机之间没有能量流动。电压矢量 U_0 和 U_7 都是零矢量。可以看到，零矢量作用时，电机和电源实际上是断开的。

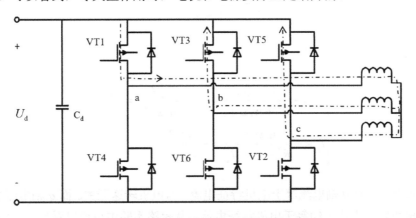

图 6-11　电压矢量 U_7 作用下的电流回路

综上，各电压矢量下的电机工作状态和电压矢量角度如表 6-2 所示。可以看到，对于同一个电流，当输出电压与其夹角大于 90° 时，电机能将能量回馈到电源。

表 6-2　各电压矢量下的电机工作状态和电压矢量角度

电压矢量	U_0	U_1	U_2	U_3	U_4	U_5	U_6	U_7
电压矢量角度/（°）	—	−120	120	−180	0	−60	60	—
能量流动	无	发电	发电	发电	电动	电动	电动	无

6.4　同步电机短路制动

短路制动是指将电机的三相绕组短接在一起构成闭合回路，使电机电感中存储的能量，以及发电产生的能量消耗在电机绕组中，达到制动的目的。

电励磁同步电机可以通过控制励磁电流来控制短路绕组中的电流（短路电流）大小，一般将电流控制在额定值左右以避免发热过多。PMSM 无法通过调节励磁电流对短路电流进行控制，但通过实验可以发现，短路电流并不是非常大（基本上等于特征电流），因此实践中短路制动仍然广泛使用。

令电机控制器输出电压为 0，即

$$u_d = R_s i_d + L_d \frac{\mathrm{d}i_d}{\mathrm{d}t} - w_e L_q i_q = 0$$

$$u_q = R_s i_q + L_q \frac{\mathrm{d}i_q}{\mathrm{d}t} + w_e (L_d i_d + \psi_r) = 0$$

稳态时微分项为 0，解得

$$i_d = -\frac{w_e^2 L_q \psi_r}{R_s^2 + w_e^2 L_d L_q}$$

$$i_q = -\frac{w_e \psi_r R_s}{R_s^2 + w_e^2 L_d L_q} \tag{6-4}$$

在转速比较高时，w_e^2 项相对于 R_s^2 项起主导作用，因此有

$$\begin{cases} i_d = -\dfrac{w_e^2 L_q \psi_r}{R_s^2 + w_e^2 L_d L_q} \approx -\dfrac{w_e^2 L_q \psi_r}{0 + w_e^2 L_d L_q} = -\dfrac{\psi_r}{L_d} \\[3mm] i_q = -\dfrac{w_e \psi_r R_s}{R_s^2 + w_e^2 L_d L_q} \approx -\dfrac{\psi_r R_s}{w_e L_d L_q} \end{cases} \tag{6-5}$$

可以看到，此时 d 轴电流等于电机特征电流，与电机转速无关。而 q 轴电流相对较小，于是同步电机短路电流大约等于电机特征电流。从短路实验中也可以看到，三相电流的幅值基本不变。

将式（6-4）代入转矩公式，得到电机电磁转矩为

$$T_e = -\frac{3}{2} N_p \frac{w_e \psi_r^2 R_s^3 + w_e^3 \psi_r^2 L_q^2 R_s}{w_e^4 L_d^2 L_q^2 + R_s^4 + 2 w_e^2 L_d L_q R_s^2} \tag{6-6}$$

对转速求导，并令导数为 0 可得

$$w_{max} = \frac{R_s}{L_q} \sqrt{\frac{L_q - 2L_d}{L_d}} \tag{6-7}$$

表明三相对称短路时，最大制动转矩对应转速点与永磁体磁链无关，定子电阻越大，转速越高。将式（6-7）代入式（6-6），消去电角速度 w_{max} 可得

$$T_{max} = -\frac{3}{8} N_p \psi_r^2 \frac{L_q}{L_d(L_q - L_d)} \sqrt{\frac{L_q - 2L_d}{L_d}} \tag{6-8}$$

表明三相对称短路的稳态最大制动转矩的大小与定子相电阻无关，极对数越多，磁链值越大，最大制动转矩越大。

同步电机三相短路时的转矩并没有想象中那么大，并且短路转矩在转速较高时比较小，因此，主动三相短路并不会有非常大的冲击。因为三相短路时，电流主要集中在 d 轴上，所以转矩一般比电机峰值转矩小一些。某电机参数 R_s=0.021Ω、L_d=0.00026H、L_q=0.00053H，1000r/min 对应的反电势为 85V。PMSM 三相短路转矩如图 6-12 所示。可以看到，电机短路转矩在 80rad/s 时达到最大值，约为-180N·m，而此电机峰值转矩可达 700N·m。

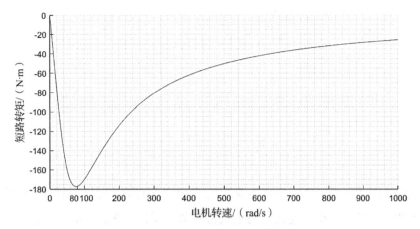

图 6-12　PMSM 三相短路转矩

在实际应用中，主动三相短路有以下作用。

（1）整车失控时可由电机控制器实施主动三相短路，使得整车转入相对"安全"状态。主动三相短路产生的制动转矩将迫使整车以可控的减速度缓慢制动，实现安全停车。

（2）动力电池严重故障时，对电机实施主动三相短路，使得电机、逆变器与电池侧隔离。

（3）车辆在行驶过程中，如果发生电机转速异常，则可实施主动三相短路，防止过大的反电势损坏动力电池及膜电容等功率器件。这一点对于动力电机不能从传动系解耦的整车构型尤为重要，在这种构型下，电机转速有被反拖至超出弱磁转速或最高工作转速的潜在危险。

（4）监测到电机控制器某个 IGBT 发生击穿短路后，可实施主动三相短路，防止电机进入不可控整流状态，损坏功率电子器件或造成动力电池过充损坏，实现安全停车。

（5）使用无位置传感器技术控制电机时，若启动前电机在反转，则可实施主动三相短路，等电机停稳后启动。

6.5　同步电机缺相运行

假设电机 c 相绕组开路，那么 c 相电流将为 0，a 相电流和 b 相电流大小相同、符号相反，从而，三相电流可分别表示为

$$\begin{cases} i_a = I_m \cos wt \\ i_b = -I_m \cos wt = I_m \cos(wt - \pi) \\ i_c = 0 \end{cases} \tag{6-9}$$

式中，I_m 为相电流峰值；w 为电流角频率。在此电流的作用下，电机定子绕组产生的磁动势为

$$\begin{cases} F_a = F_{\max} \cos\beta \cos wt \\ F_b = F_{\max} \cos(\beta - 2\pi/3)\cos(wt - \pi) \\ F_c = 0 \end{cases} \tag{6-10}$$

式中，β 为以 a 相绕组轴线为参考的空间角度；$F_{\max}$ 为单相磁动势峰值，其在数值上有

$$F_{\max} = \frac{4}{\pi}\frac{k_w N_{ph}}{2N_p}I_m \tag{6-11}$$

式中，k_w 为分布系数；N_{ph} 为每相导体数；N_p 为电机极对数。可以看到，磁动势与电流幅值、分布系数、每相导体数成正比，与电机极对数成反比。在式（6-10）中，a、b 相绕组均产生静止的脉振磁动势，可以将其分解为两个旋转方向相反、幅值相等的旋转分量，即

$$\begin{cases} F_a = \frac{1}{2}F_{\max}\left[\cos(\beta + wt) + \cos(\beta - wt)\right] \\ F_b = \frac{1}{2}F_{\max}\left[\cos(\beta + wt + \pi/3) + \cos(\beta - wt + \pi/3)\right] \end{cases} \tag{6-12}$$

电机整体磁动势为

$$\begin{aligned} F_s &= F_a + F_b + F_c \\ &= \frac{1}{2}F_{\max}\left[\cos(\beta + wt) + \cos(\beta - wt) + \cos(\beta + wt + \pi/3) + \cos(\beta - wt + \pi/3)\right] \end{aligned}$$

整理得

$$F_s = \sqrt{3}F_{\max}\cos(\beta + \pi/6)\cos wt \tag{6-13}$$

表明合成磁动势仍然是静止的脉振磁动势，其幅值为单相磁动势的 $\sqrt{3}$ 倍。

　　由于没有旋转的定子磁场，因此缺相的电机将不能产生启动转矩，在停转的情况下无法自启动。然而，一旦转子开始转动，就会产生净电磁转矩。如前所述，静止的脉振磁动势可以分解为两个幅值相等的旋转分量，其旋转速度分别为 $\pm w$。假设同步电机转子正以 w 的角速度正向旋转，那么转子磁场与定子磁场中的正向分量同步，两者作用产生净电磁转矩。电机在净电磁转矩的作用下能够维持旋转。与此同时，转子磁场相对于负向分量以 $2w$ 的角速度旋转，两者产生正弦交变的电磁转矩，平均转矩为零。正是由于转矩中存在角频率为 $2w$ 的脉动分量，因此电机产生的噪声更大，并且其输出功率不稳定。同样，在上述情况下，令同步电机反向旋转也能产生电磁转矩。此时，净电磁转矩由转子磁场与定子磁场的反向分量共同作用产生。

　　实际上，PMSM 缺相是有可能自启动的。因为在通入电流的瞬间，电机绕组产生的磁动势与转子磁场大概率不在一条直线上，所以会产生转矩，驱使转子转动，从而满足缺相运行的条件。很明显，这样启动会很不平顺，并且在负载较重的情况下很难成功。

6.6　低频热保护

　　为研究开关器件低频发热的特点，首先考虑最为极端的情况，即控制器输出三相电流均为直流的情况。在电流闭环控制模式下，假定给定电流矢量幅值不变，则稳态下电机三相电流大小取决于 dq 坐标系的角度 θ，在 $\alpha\beta$ 坐标系中，有

$$\begin{bmatrix} i_\alpha \\ i_\beta \end{bmatrix} = \begin{bmatrix} \cos\theta & -\sin\theta \\ \sin\theta & \cos\theta \end{bmatrix} \begin{bmatrix} i_d \\ i_q \end{bmatrix} = \begin{bmatrix} i_d\cos\theta - i_q\sin\theta \\ i_d\sin\theta + i_q\cos\theta \end{bmatrix} \tag{6-14}$$

进一步做反 Clark 变换，得 abc 坐标系中的电流：

$$\begin{bmatrix} i_a \\ i_b \\ i_c \end{bmatrix} = \frac{2}{3k} \begin{bmatrix} 1 & 0 \\ -1/2 & \sqrt{3}/2 \\ -1/2 & -\sqrt{3}/2 \end{bmatrix} \begin{bmatrix} i_\alpha \\ i_\beta \end{bmatrix} = \frac{2}{3k}\sqrt{i_d^2 + i_q^2} \begin{bmatrix} \cos(\theta+\gamma) \\ \cos(\theta+\gamma-2\pi/3) \\ \cos(\theta+\gamma+2\pi/3) \end{bmatrix} \tag{6-15}$$

式中，系数 k 为 Clark 变换阵系数；γ 为 dq 坐标系中 i_d 与 i_q 的夹角，满足 $\tan\gamma = i_q/i_d$。当 $k = \sqrt{2}/3$ 时，式（6-15）可化为

$$\begin{bmatrix} i_a \\ i_b \\ i_c \end{bmatrix} = \frac{2}{3k}\sqrt{i_d^2 + i_q^2} \begin{bmatrix} \cos(\theta+\gamma) \\ \cos(\theta+\gamma-2\pi/3) \\ \cos(\theta+\gamma+2\pi/3) \end{bmatrix} = \sqrt{2}\sqrt{i_d^2 + i_q^2} \begin{bmatrix} \cos(\theta+\gamma) \\ \cos(\theta+\gamma-2\pi/3) \\ \cos(\theta+\gamma+2\pi/3) \end{bmatrix} \tag{6-16}$$

　　可以看到，如果角度 θ 线性变化，那么三相电流将是随时间正弦变化的交流电流。此时，不但三相电流有效值相等，而且其值与 dq 坐标系中的电流幅值相等。如果保持 θ 不变，那么三相电流恒定，控制器输出三相直流。此时，三相电流有效值就是电流瞬时值本身，其大小随 θ 取值不同而不同，并不再与 dq 坐标系中的电流幅值相等。

　　三相电流为直流时，各相电流有效值与 dq 坐标系中的电流幅值的比值为

$$\begin{bmatrix} r_a \\ r_b \\ r_c \end{bmatrix} = \sqrt{2} \begin{bmatrix} \cos(\theta+\gamma) \\ \cos(\theta+\gamma-2\pi/3) \\ \cos(\theta+\gamma+2\pi/3) \end{bmatrix} \tag{6-17}$$

　　对于任意给定的角度，式（6-17）中至少存在一个系数大于 1。也就是说，在输出直流的情况下，存在至少一相桥臂的开关器件发热超过正常情况。在最坏的情况下，相电流有效值会是正常情况的 $\sqrt{2}$ 倍，发热功率是正常情况的 2 倍，差别非常明显。当电机控制器各相电流有效值相等时，各桥臂发热情况相当；而当各相电流有效值不相等时，将出现发热不均的情况，这也是需要避免的。

电流有效值是根据电流热效应来定义的，让一个交流电流和一个直流电流分别通过阻值相同的电阻，如果两者在相同的时间内产生的热量相等，就把这一直流电流的数值称为这个交流电流的有效值。从定义来看，只有在考查时间不短于正弦电流的周期时，正弦交流有效值的定义才是有意义的。很明显，当电流频率较低时，周期较长，很可能不到一个周期热量已经大量累积。

周期无穷大的交流就是直流，可以断定，周期相对很长的交流的某些特性也应该与直流相似。基于这方面的考虑，业内通常在控制器输出频率较低的情况下，通过降低 PWM 载波频率来减少开关器件发热，进而避免器件热损坏。例如，当输出频率低于 5Hz 时，直接将载波频率降低为 4kHz，在输出为直流的情况下，直接将载波频率降低为 2kHz，甚至更低。

6.7 过载保护

一般意义上的电机过载是指电机实际输出功率超过额定功率，而过载保护所涉及的"过载"更多的是指"热过载"。电机运行温度的升高会对电机绝缘材料的使用寿命产生比较大的影响，一个比较普遍的经验是温度每升高 8℃，其使用寿命缩短一半。基于延长产品使用寿命的考虑，电机控制器都会在温度保护的基础上增加过载保护功能。

工业上常使用热继电器来实现过载保护。电机过载运行时的电流增大，发热元件温度升高，对应金属片装置逐渐弯曲，并最终超过预定值而推开常闭触点。如果过载消失，那么热量会逐渐散失，金属片装置形变慢慢恢复，过载效应自动清除。此装置令人叫绝的是它的环境自适应性，由于它和电机处于相同的环境，因此它可以自动地将环境温度等散热条件"考虑"进去。

电机控制器做过载保护大多基于 $I\text{-}t$ 曲线模拟过热继电器的功能。遗憾的是，得到电机 $I\text{-}t$ 曲线需要进行大量的实验测试和寿命验证。首先，电机的散热功率和其使用环境有很大的关系，在好的散热条件下，过载效应累积慢而清除快，相同过载电流的允许时间更长；其次，一台电机的发热功率比较固定，但是不同电机的发热功率各不相同；最后，电机本身的耐热等级对 $I\text{-}t$ 曲线有着决定性的影响。

正是因为这些变化因素，即使只针对单一的应用场合，恐怕也需要对多种环境温度进行测试得到 $I\text{-}t$ 曲线簇，只有这样才能将过载保护做得比较完善。在有温度传感器的应用场合，基于电流的过载保护显得不再那么重要，因为对电机绝缘产生危害的决定因素还是绝对温度，只要保证电机不长时间运行于高温条件下即可。

6.8 PWM 供电实践要点

6.8.1 PWM 电压波形

PWM 供电线电压波形如图 6-13 所示，其中，方波脉冲是驱动电路输出的线电压，正弦曲线是对脉冲电压进行滤波后的结果。可以看到，线电压滤波后是正弦变化的。原本低通滤波会带来相位上的延迟，这里对电压脉冲也加了时间延迟，使两者看起来是同步的。

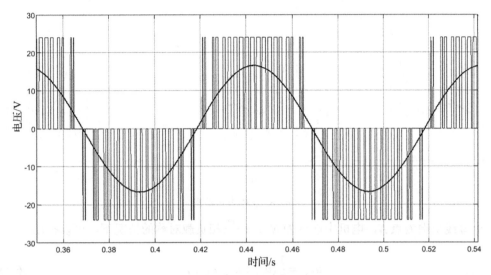

图 6-13　PWM 供电线电压波形

相电压的变化相对更多一点。以 a 相为例，其相对于母线负极的电压波形如图 6-14 所示，其中，方波脉冲为原始脉冲电压，平滑曲线为对其进行滤波后的结果。滤波后的 a 相电压呈现出马鞍波形的特点，注意到此时的波形没有小于零的部分，这与常见的马鞍波形并不一样。

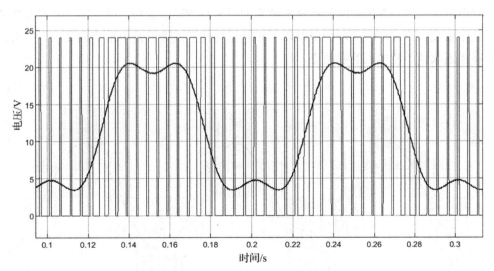

图 6-14　a 相相对于母线负极的电压波形

以母线电压的 1/2 为参考，得到 a 相电压波形，如图 6-15 所示，此时得到有正有负的常见的马鞍电压波形。可以看到，相电压波形实际上和参考点的选取有着直接的关系。

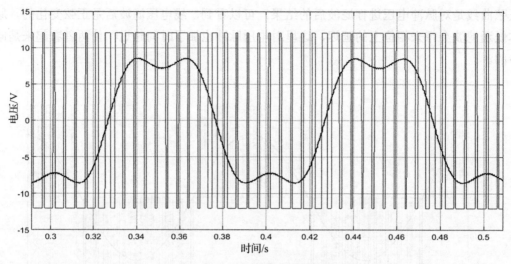

图 6-15　a 相电压波形

令母线负端为点 N，电机中性点为 N'，在三相负载对称的情况下，可以推出

$$u_{NN'} = \frac{1}{3}(u_{aN} + u_{bN} + u_{cN})\tag{6-18}$$

如果以电机中性点为参考点，则可得 a 相电压为

$$u_{aN'} = \frac{2u_{aN} - u_{bN} - u_{cN}}{3}\tag{6-19}$$

以电机中性点为参考点时的相电压波形如图 6-16 所示，此时，相电压已经不再是马鞍波而是正弦波。于是可以认为 SVPWM 的相电压存在三次谐波是不准确的说法，三次谐波是否存在还取决于相电压的参考点。

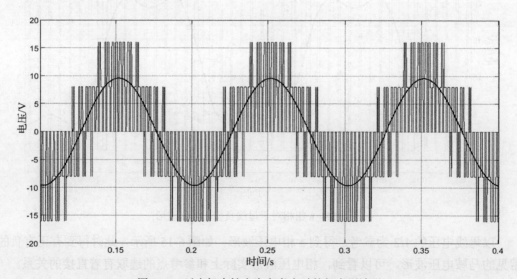

图 6-16　以电机中性点为参考点时的相电压波形

6.8.2　PWM 实测波形

驱动电路设计是电机控制器硬件最为核心的部分之一。性能良好的驱动能有效改善 EMC，减少功率器件发热等。对软件工程师而言，精通驱动设计自然过于苛刻，然而，熟知驱动波形仍然是必要的。只有这样，在调试中遇到相关问题时才能做出准确的判断。

图 6-17 所示为一对互补的 PWM 信号，可以看到明显的过渡过程，类似惯性环节的阶跃响应，没有超调也不存在振铃，波形比较理想。互补驱动死区时间在 3μs 左右，这在功率较大的应用中十分常见。

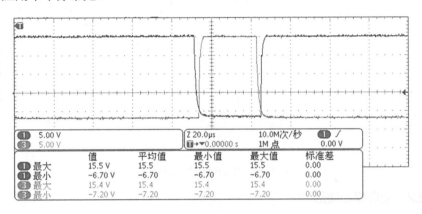

图 6-17　互补的 PWM 信号

6.8.2.1　稳态驱动波形

图 6-18 所示为电机稳定运行时的驱动信号与电流波形，其中，通道 1、2、3 分别为 a 相下桥、b 相上桥、b 相下桥驱动信号，通道 4 为 b 相电流波形。此时，电机控制器输出电压接近线性调制区极限，电机转速较高，电流角度约为 75°。

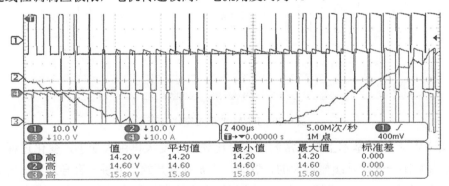

图 6-18　电机稳定运行时的驱动信号与电流波形

通道 1、3 有一些又窄又短的"半截"脉冲，这是由于驱动脉宽太小，导致 IGBT 门极电容充电不足。注意到图 6-18 中的驱动波形存在脉冲丢失的情况，这主要是由过调制和窄脉冲消除导致的，属于正常现象。

驱动波形的形状和控制器输出端对地的电压波形大体一样，有时在分析问题时，可以将驱动波形当作控制器的相电压波形。图 6-18 中的相电压波形体现了 SVPWM 马鞍波的特点：在通道 1、3 中，两处空白部分对应马鞍波两肩，两段空白的中间位置对应马鞍波的中心凹陷。由于调制波中心凹陷处幅值小于两肩处幅值，因此仍然会有数个驱动脉冲存在。

图 6-19 所示为对图 6-18 中的观测时间加长的波形，可以看到，整体上占空比并不是连续变化的。很明显，b 相电压（通道 2）在相位上大幅超前于电流，b 相上桥占空比增大时，b 相电流减小，两者并不同步。有些初学者可能会希望通过相电压（占空比变化趋势）来判断电流的趋势是否正常，这是行不通的，两者并无太多关联。

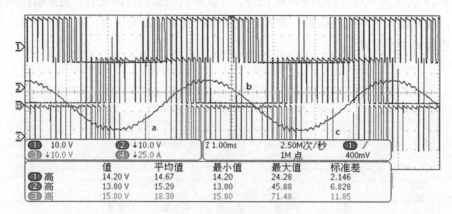

图 6-19　观测时间加长的波形

6.8.2.2　动态驱动波形

在图 6-20 中，通道 1、2、3 分别为 a、b、c 三相桥臂下桥 IGBT 驱动波形，通道 4 为 b 相电流波形，通过观察可以发现，PWM 波形存在占空比突变的情况。

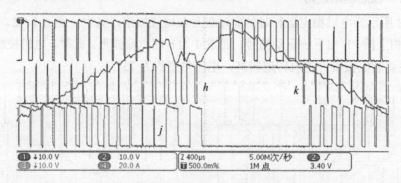

图 6-20　PWM 波形占空比突变

a 相 PWM 波形基本上是正常的，占空比先由小变大再由大变小，变化过程比较平滑。b 相占空比一开始是缓慢增大的，然而，从 h 时刻开始，下桥一直导通到 k 时刻，占空比开始平滑减小。在正常情况下，h 时刻的占空比还远没有达到需要开通多个载波周期的程度。

c 相 PWM 波形也存在异常：一开始 PWM 波形占空比平滑减小，波形还算正常，然而，在 j 时刻，占空比突然变大并且仅维持了两个周期后，占空比立即变为零。

b、c 两相 PWM 波形占空比突变是由电流控制器的调节作用导致的：在动态过程中，电机控制器输出的电压和电流都不是正弦变化的，故电压脉冲占空比不连续是非常正常的现象。图 6-20 中的电流波形顶部有一个突然向下的缺口，对应的 dq 坐标系电流会出现扰动，PWM 波形占空比突变就是电流环对扰动进行控制的结果。

6.8.2.3　堵转驱动波形

图 6-21 所示为堵转实验中观测到的三相电压输出波形，注意到三相上桥几乎同时开通、同时关断。堵转工况稳态下的电机转速为零，对应电机运动反电势和感应反电势均为零。电机控制器输出电压仅需提供电机定子电阻上的压降即可，这对很大一部分电阻很小的电机来说基本为零。

电机控制器三相桥臂几乎同时开通和关断意味着输出的三相电压几乎相等，从而，输出的线电压接近 0，与堵转应用场景相符。除堵转工况以外，在很多时候，电机控制器在待机模式下也会输出类似的 PWM 波形，此时将输出电压设置为 0。

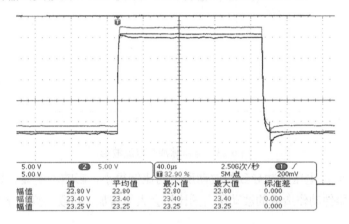

图 6-21　堵转实验中观测到的三相电压输出波形

在图 6-22 中，由上到下分别为 a、b 和 c 相上下桥驱动，在堵转工况下，控制器输出电压很低，零电压矢量占据了 PWM 周期的绝大部分，图中除了竖线之间的部分，全是零矢量（U_0 或 U_7）在起作用。零矢量作用时，电机三相绕组是短路在一起的。当一个 PWM 周期全部或接近全部被零矢量占据时，手动转动 PMSM 可以清晰地感觉到阻力。这是因为电机转动产生的反电势会在绕组中产生电流，进而产生制动转矩。

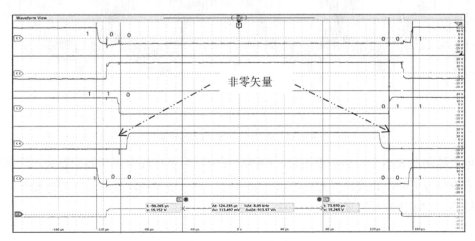

图 6-22　控制器输出电压很低时的零矢量

6.8.3　电流纹波

受开关器件动作的影响，电机相电流在一个载波周期内会有 6 次脉动。以 a 相为例，取某一时段 a 相电压（以母线负极为参考）脉冲与电流波形，如图 6-23 所示。注意：为了展示电流脉动细节，这里对电流信号做了放大处理，实际脉动并没有这么大。

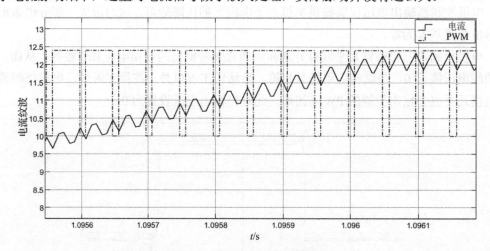

图 6-23　电压脉冲与电流波形

当电流较大时，电压脉冲导致的波动所占的比例很小，影响不明显。如果电流本身较小，那么由开关器件动作造成的波动所占的比例会大大增加，导致电流明显畸变，如图 6-24 所示。

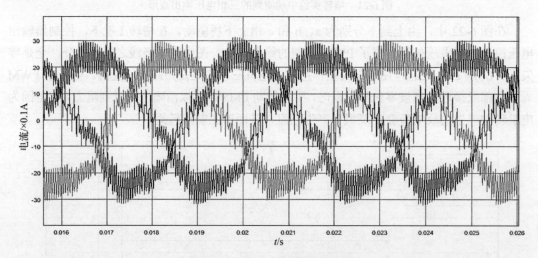

图 6-24　电流中明显的脉动分量

电流脉动的大小主要和电机电感、PWM 开关频率及母线电压等因素有关。注意到这些因素中只有 PWM 开关频率是可以软件调节的，故在遇到电流脉动过大的问题时，大多通过提高 PWM 开关频率来解决。

6.8.4　窄脉冲消除

窄脉冲指的是占空比很小的驱动信号。窄脉冲会对 IGBT 造成比较大的影响，甚至于损坏 IGBT。这主要是因为 IGBT 内部或体二极管单元在未完全开通的情况下又重新关断，所产生的 di/dt 比正常开通后关断的情况大很多，从而，对于 IGBT 会产生很大的关断电压尖峰，对于体二极管单元会产生很大的 du/dt 和振荡。

如图 6-25 所示，当比较寄存器的值 CMPA 过大（$B\sim P$）或过小（$O\sim A$）时，都会出现窄脉冲，前者上桥开通时间很短，后者下桥开通时间很短。

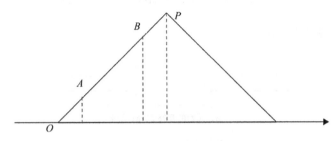

图 6-25　窄脉冲产生示意图

消除窄脉冲的代码片段如下（变量 temp_Max 为图 6-25 中的点 B 对应的计数值；temp_Min 为点 A 对应的计数值，当 CMPA 的值小于 temp_Min 的一半时，直接令 CMPA = 0；当 CMPA 再大一点但仍然小于 temp_Min 时，将 CMPA 赋值为 temp_Min）：

```
temp_Deta = PWM.U - temp_Max;
if (PWM.U < (temp_Min >> 1)) PWM.U = 0;
else if (PWM.U < temp_Min) PWM.U = temp_Min;
else if (temp_Deta < 0) ;
else if (temp_Deta < (temp_Min >> 1)) PWM.U = temp_Max;
else PWM.U = PWM.PWMPrd;
```

以上算法隐含了四舍五入的思想，按照一般的思路，要么是比 A 小的都限制为 A 的值，要么是比 A 小的都当作零，而此算法可兼顾两种情形。具体 temp_Min 的值可以根据实际情况进行调制，默认情况下可以先设为与死区时间相当，即 temp_Min = deadtime。

6.8.5　死区补偿

实际开关器件开通和关断都有一个过程，为防止上下桥切换时出现直通现象，需要在一对互补 PWM 信号中加入死区时间。实现死区最简单的方式就是将 PWM 信号的上升沿延迟，即保持器件关断时刻不变的前提下将开通时刻延后。原始的互补 PWM 信号和带死区 PWM 信号分别如图 6-26（a）、（b）所示。

以母线负极为参考，相电压在上桥关断时为零，开通时为母线电压。很明显，相电压输出平均值和上桥开通时间正相关，即上桥开通时间越长，相电压输出平均值越大。死区时间和开关时间会影响开通时间，导致输出电压变化。

死区时间和开关时间对相电压的影响与电流方向有关。如图 6-26（c）与图 6-27 所示，当电流大于 0 时，上桥关断，电流通过下桥或下桥反并联二极管（MOS 管可双向流通，

IGBT 通过二极管续流）续流。此时，控制器输出端接地，相电压和上桥实际开关波形一致。与无死区理想驱动输出时比，上桥延时 T_d 打开且历时 T_{on1} 真正开通，关断时历时 T_{off1} 方真正关断，从而，上桥总体上少的开通时间为

$$\Delta T_p = T_d + T_{on1} - T_{off1} \tag{6-20}$$

由等时间电压面积法可得对应平均电压增量为

$$\Delta U_{pos} = -U_{dc}(\Delta T_p / T_c) = -U_{dc}[(T_d + T_{on1} - T_{off1}) / T_c] \tag{6-21}$$

式中，T_c 为 PWM 载波周期。

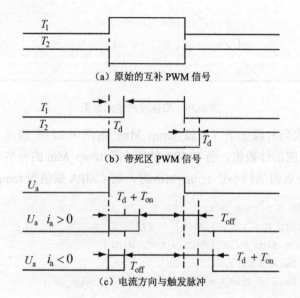

图 6-26　驱动死区与相电压输出

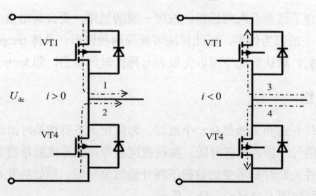

图 6-27　电流方向对输出电压的影响

　　当电流为负时，下桥关断，电流由上桥或上桥反并联二极管续流。此时，逆变器输出端连接母线正极，对相电压而言，其与上桥开通无异，相电压波形与对应下桥开通波形相反，如图 6-26 所示。与无死区理想驱动波形相比，输出相电压少了下桥关断时间 T_{off2}，多了下桥开通延时 T_d 和开通时间 T_{on2}。总体上输出高电平时间有所增加：

$$\Delta T_n = T_d + T_{on2} - T_{off2} \tag{6-22}$$

从而，平均电压增量为

$$\Delta U_{neg} = U_{dc}(\Delta T_n / T_c) = U_{dc}[(T_d + T_{on2} - T_{off2})/T_c] \tag{6-23}$$

总的来说，由死区造成的相电压失真与电流方向有关。具体地，当电流为正时，输出电压降低；当电流为负时，输出电压升高，这使得原本理想的正弦电压在电流过零点附近出现跃变，表现出分段正弦的特点。电压增量满足

$$\Delta U = \begin{cases} \Delta U_{pos} & (i > 0) \\ \Delta U_{neg} & (i < 0) \end{cases} \tag{6-24}$$

如图 6-28 所示，在每个电流过零点，其他两相的电流都有一个缺口，这个畸变正是由于电流方向改变引起对应相电压（线电压也是）突变导致的。

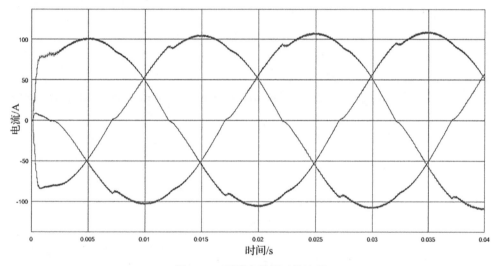

图 6-28 死区未补偿时的电流

传统的补偿方法就是根据电流方向进行补偿，假设 SVPWM 计算出 a 相的理论导通时间 T_a，则根据电流方向加上补偿量，保证经死区和开关延迟后，导通时间仍然为 T_a，补偿量应满足

$$\Delta T = \begin{cases} \Delta T_p = T_d + T_{on1} - T_{off1} & (i > 0) \\ \Delta T_n = T_d + T_{on2} - T_{off2} & (i < 0) \end{cases} \tag{6-25}$$

以上方法在实际应用中难以精确实现，主要由于电流过零点检测难以准确实现。

目前，判断电流极性比较常用的方法是电流空间矢量法，即通过判断电流矢量所在扇区位置来间接判断各相电流极性。在实际系统中，受逆变器非线性的影响，检测的电流存在谐波分量及开关频率带来的高频噪声，并且还会产生零电流钳位现象，这些因素都造成电流极性判断不准确。因此，在电流幅值很小的情况下，无法对死区进行完全补偿，死区

效应影响依然存在，尤其在空载条件下，影响更大。

获取当前电流矢量 I_s 在复平面内的位置 θ，根据 θ 的大小获取各相电流极性。考虑到电流检测不准确的问题，以 a 相为例，当 I_s 趋近于虚轴时（a 相电流过零点附近），适当减小补偿值以避免扰动。

当电机电流很小时，检测值信噪比较低，此时，令补偿值随电流幅值线性变化。

于是，当电流有效值很小时，补偿值接近零；当电流有效值较大时，补偿值不变。

综上可知，当电流矢量幅值很小时，要整体减小补偿，要在某相电流过零点附近减小对应相的补偿。死区及开关延迟引起的导通时间变化与死区时间配置和开关器件本身的特性有关，一般需要离线获取。

现实中很多小功率，特别是使用 MOS 管的应用，因为开关速度很快，所以死区时间能够设置到 1μs 甚至 0.5μs 左右，这时，实际输出电压受到的影响非常小，一般不进行补偿也没有关系。在这种情况下，如果系统运算资源比较紧张，则可以选择去掉死区补偿功能。